掌控Python
自律型机器人制作

程 晨◎编著

科学出版社

北　京

内 容 简 介

本书围绕自律型机器人三要素（感知、动作以及智能），面向Python初学者讲解自律型轮式机器人的基础知识与制作。

全书共8章，主要内容包括自律型机器人的概念、机器人的运动方式、直流电机/舵机的控制、线控操作型机器人和遥控操作型机器人的制作、广播遥控机器人和网络遥控机器人的实现。

本书适合作为Python初学者的入门参考书，还可用作青少年编程、中小学生人工智能教育的教材。

图书在版编目（CIP）数据

掌控Python.自律型机器人制作/程晨编著.—北京：科学出版社，2021.3
　ISBN　978-7-03-068137-9

Ⅰ.掌… Ⅱ.程… Ⅲ.软件工具–程序设计 Ⅳ.TP311.561

中国版本图书馆CIP数据核字（2021）第033202号

责任编辑：喻永光　杨　凯/责任制作：魏　谨
责任印制：师艳茹/封面设计：张　凌

北京东方科龙图文有限公司　制作
http://www.okbook.com.cn

科 学 出 版 社 出版
北京东黄城根北街16号
邮政编码：100717
http://www.sciencep.com

三河市春园印刷有限公司　印刷
科学出版社发行各地新华书店经销

*

2021年3月第 一 版　　　开本：787×1092　1/16
2021年3月第一次印刷　　印张：11
字数：220 000

定价：58.00元
（如有印装质量问题，我社负责调换）

前言

国务院印发的《新一代人工智能发展规划》明确指出，人工智能已成为国际竞争的新焦点，我国应逐步开展全民智能教育项目，在中小学阶段设置人工智能相关课程，逐步推广编程教育，建设人工智能学科，培养复合型人才，形成我国人工智能人才高地。人工智能是引领未来的战略性技术，世界主要发达国家把发展人工智能作为提升国家竞争力、维护国家安全的重大战略。而事实上，Python已成为人工智能及编程教育的重要抓手。

Python是一种解释型、面向对象的、动态数据类型高级程序设计语言。它具有丰富而强大的库，能够很轻松地把用户基于其他语言（尤其是C/C++）制作的各种模块联结在一起。在IEEE发布的编程语言排行榜上，Python多年名列第一。Python可以在多种主流平台上运行，很多领域都采用Python进行编程。目前，几乎所有大中型互联网企业都在使用Python。

我们利用Python不仅可以开发深度学习的框架，还可以使用精简的MicroPython进行开源机器人制作。笔者撰写本书，就是为了介绍如何利用Python以及MicroPython制作自律型机器人。

读者对象

本书面向具有一定Python基础且对机器人制作感兴趣的读者，不要求读者具有机器人开发经验。

没有Python基础的读者，可以阅读同系列的《掌控Python 初学者指南》。

主要内容

本书内容围绕自律型机器人三要素（感知、动作以及智能），从最基础的电机/舵机控制开始，按照线控操作型机器人、遥控操作型机器人、自律型机器人逐步展开。

第1章和第2章，简要介绍自律型机器人的要素、机器人的运动方式、直流电机和舵机的工作原理。

第3章，着重介绍操作型机器人的制作，包括线控操作型机器人以及遥控操作型机器人。

第4章，基于MicroPython和掌控板讲解可编程轮式机器人底盘，包括舵机与电机的控制、底盘制作以及轮式机器人的移动。

第5章，介绍各种传感器的应用。通过这些传感器，机器人就能够感知周围的环境。

第6章，介绍各种轮式机器人的行为，包括归航行为、避障行为、边缘行走行为等。

第7章和第8章，基于掌控板分别介绍广播遥控操作型机器人和网络遥控操作型机器人的制作。

机器人是一种跨学科的综合应用，如何赋予机器人真正的智能，目前来看还有很多问题有待解决。不过笔者相信，终有一天机器人会具有真正的智能。

感谢您阅读本书，如发现疏漏与错误，还恳请批评指正。您的宝贵意见正是笔者进步的驱动力。

目录

第1章　了解机器人

1.1　什么是机器人? ··· 1

1.2　机器人的种类 ··· 6

1.3　自律型移动机器人 ··· 7

1.4　小　结 ··· 9

第2章　机器人的运动

2.1　机器人运动的环境 ··· 10

2.2　机器人运动的方式 ··· 12

2.3　直流电机 ··· 13

2.4　舵　机 ··· 21

2.5　小　结 ··· 26

第3章　操作型机器人的制作

3.1　直流电机与车轮 ·· 27

3.2　万向轮与电源 ··· 29

3.3　控制开关 ··· 31

3.4　遥控操作型机器人 ··· 38

3.5　小　结 ··· 43

第4章　可编程轮式机器人底盘

4.1　直流电机控制 ··· 44

4.2　舵机控制 ··· 51

4.3　底盘制作 ··· 53

4.4　轮式机器人的移动 ··· 58

4.5　小　结 ··· 63

第5章　感知周围的环境

5.1　红外避障传感器 ·· 64

5.2　红外测距传感器 ·· 66

5.3　巡线传感器 ··· 69

5.4　超声波测距传感器 ··· 69

5.5 环境光和声音传感器 ·································· 75

5.6 加速度传感器 ·································· 77

5.7 传感器认证 ·································· 78

5.8 小 结 ·································· 79

第 6 章 轮式机器人的行为

6.1 行为的分类 ·································· 80

6.2 基于差分传感器的归航行为 ·································· 84

6.3 基于整体状态的归航行为 ·································· 90

6.4 基于差分传感器的避障行为 ·································· 95

6.5 基于测距传感器的边缘行走行为 ·································· 101

6.6 限界行为和陡沿行为 ·································· 106

6.7 抖动问题 ·································· 107

6.8 区域覆盖 ·································· 108

6.9 小 结 ·································· 110

第 7 章 广播遥控操作型机器人

7.1 掌控板的广播功能 ·································· 111

7.2 通过姿态控制机器人 ·································· 114

7.3 获取机器人环境数据 ·································· 121

7.4 小 结 ·································· 135

第 8 章 基于网络遥控操作型机器人

8.1 连接网络 ·································· 136

8.2 网络通信 ·································· 139

8.3 以网页形式反馈 ·································· 143

8.4 基于网络操作机器人 ·································· 150

8.5 制作带视频传输的操作型机器人 ·································· 157

8.6 小 结 ·································· 168

第1章 了解机器人

机器人制作需要跨学科的综合技能，涉及控制理论、机械工程、计算机科学、电子技术、材料和仿生学等多个领域的知识。但是并不需要每个领域都精通，而且随着开源硬件以及传感器技术的发展，制作一个像样的机器人的难度也在逐渐降低。如果你不知道从哪里开始。那就跟随笔者走进机器人制作的世界吧！

1.1 什么是机器人？

1.1.1 "机器人"名字的由来

"机器人"（本书特指robot）是20世纪出现的新名词。1920年，捷克剧作家Capek在他的幻想剧《罗萨姆的万能机器人》（*Rossum's Universal Robot*）之中，第一次提出了"robot"这个词。该剧讲述了机器人的发展对人类社会的悲剧性影响，引起了大家的广泛关注，被当成"机器人"一词的起源。剧中，机器人按照其主人的命令默默地工作，没有感觉和感情，以呆板的方式从事繁重的劳动。后来，罗萨姆公司取得了成功，使机器人具有了感情，使得机器人的应用部门迅速增多。在工厂和家务劳动中，机器人都成了必不可少的成员。后来，机器人发觉人类十分自私和不公正，终于造反了。机器人的体能和智能都非常优异，最终消灭了人类。

在捷克语中，"robota"和"robotonic"分别意指"奴隶"和"劳动者"。新词"robot"则意指"用人手创造的劳动者"，有了"代替人干活的机器""机器奴隶"之意。在20世纪工业革命后技术和生产快速发展的背景下，Capek造出的具有"机器奴隶"含义的新词"robot"，反映了人类希望制造出像人一样会思考、能劳动的机器代替自己工作的愿望。

1.1.2 广义上机器人的定义

"机器人"之名已经家喻户晓，但是仍然没有统一的定义。一个"人"字使得它包含了很多人的感情因素，就像"机器人"一词最早诞生于科幻小说一样，人们对机器人充满了幻想和期待。也许正是由于定义的模糊，才给了人们充分的想象和创造空间。随着机器人技术的飞速发展和人工智能时代的到来，"机器人"涵盖的内容越来越丰富，机器人的定义也在不断充实和创新，新机型、新功能不断涌现。

简单来说，或者从广义的角度说，机器人（robot）是一种能够半自主或全自主工作的智能机器装置，有"代替人干活的机器""机器奴隶"之意。它既可以接受人类指挥，也可以运行预先编写的程序，还可以根据以人工智能技术制定的原则纲领行动，协助或取代人类的工作或者完成一些人类无法完成的危险工作。也许有人认为，机器人应该像一个人，有四肢、眼睛、嘴巴等，但这种理解并不准确。实际上，只要是能自主完成人类所赋予任务与命令的机器装置，就属于机器人大家族的成员。根据美国机器人工业协会（RIA）的定义，机器人是一种用于移动各种材料、零件、工具或专用装置的，通过可编程序动作来执行种种任务的，并具有编程能力的多功能机械手（manipulator）。

机器人在工业、医学、农业、建筑业甚至军事等领域均有重要用途，图1.1～图1.5是机器人典型应用实例。

图1.1所示为玉兔号月球车。这是中国首辆月球探测机器人，和着陆器共同组成嫦娥三号探测器。玉兔号月球车设计质量为140kg，能源为太阳能，能够耐受月球表面真空、强辐射、−180～+150℃极限温度等极端环境，还具备20°爬坡、20cm垂直越障能力，并配备全景相机、红外成像光谱仪、测月雷达、粒子激发X射线谱仪等科学探测仪器。

2013年12月2日1时30分，中国在西昌卫星发射中心成功将嫦娥三号探测器送入轨道。2013年12月15日4时35分，嫦娥三号着陆，随后玉兔号顺利驶抵月球表面。2013年12月15日23时45分，完成玉兔号围绕嫦娥三号旋转拍照，并传回照片。2016年7月31日晚，玉兔号超额完成任务，停止工作，着陆器状态良好。

图1.2所示为百度无人驾驶汽车（baidu nomancar）。该项目于2013年起步，由百度研究院主导研发，其技术核心是"百度汽车大脑"，包括高精度地图、定位、感知、智能决策与控制四大模块。其中，百度自主采集和制作的高

精度地图记录完整的三维道路信息,能实现厘米级精度的车辆定位。同时,依托国际领先的交通场景物体识别技术和环境感知技术,实现高精度车辆探测识别、跟踪、距离和速度估计、路面分割、车道线检测,为自动驾驶的智能决策提供依据。

图1.1　玉兔号月球车

图1.2　百度无人驾驶汽车

图1.3所示为军用排爆机器人。排爆机器人有轮式的，也有履带式的，一般体积不大，转向灵活，便于在狭窄的地方工作，可以在几百米甚至几千米以外通过无线电或光缆控制。排爆机器人上通常装有多台彩色CCD摄像机，用来对爆炸物进行观察；一个多自由度机械手，可用其手爪或夹钳将爆炸物的引信或雷管拧下来，并把爆炸物运走。

图1.3　排爆机器人

图1.4所示为大狗机器人（BigDog），因形似机械狗而得名"大狗"。它是由波士顿动力（Boston Dynamics）公司专门为美国军队研究设计的，被誉为"当前世界上最适应崎岖地形的机器人"。与以往各种机器人不同的是，大狗机器人并不依靠轮子，而是通过其身下的四条"腿"行进。它不仅可以跋山涉水，还可以承载较重负荷，而且可能比人类都跑得快。大狗机器人内部装有一台计算机，可根据环境的变化调整行进姿态。机器人既可以沿着预先设定的简单路线行进，也可以进行远程控制。

图1.5所示为波士顿动力公司最新的人形机器人Atlas与大狗机器人的合影。Atlas身高近1.5m，体重近75kg，像人一样有头部、躯干和四肢，"双眼"是两个立体传感器。Atlas通过体内以及腿部的传感器采集位姿数据来保持身体平衡，通过头上的激光雷达定位器和立体摄像机来避障、探测地面状况以及完成巡航任务。Atlas被誉为"全球最先进的类人型机器人"，目前已经能完成单腿跳、倒立、滚翻、空翻、分腿跳、360°空中转体等高难度动作。

图1.4 大狗机器人

图1.5 波士顿动力公司最新的人形机器人与大狗机器人

1.2　机器人的种类

机器人的分类没有统一的标准，可以按载重量、控制方式、自由度、结构、应用领域进行分类。本书主要讲述自律型机器人制作，这里按照智能程度将机器人分为以下几类。

1.2.1　操作型机器人

由操作者根据实际情况控制机器人的动作来完成相应的任务，机器人本身没有智能程序，仅仅是将操作者的指令转化成具体的机械动作。上一节介绍的排爆机器人就属于操作型机器人，我们生活中常见的遥控汽车模型也属于操作型机器人。

1.2.2　程控型机器人

这类机器人按照预先设计的动作要求及顺序，依次控制机械结构动作，并能够自动重复执行。

1.2.3　示教再现型机器人

由操作者控制机器人完成一遍应当执行的动作，在动作执行过程中机器人会自动将这一过程记录下来。当机器人单独工作时，能够再现操作者教给它的动作，并能自动重复执行。

1.2.4　感觉控制型机器人

这类机器人对外界环境有一定的感知能力，具有听觉、视觉、触觉等功能。工作时，机器人通过感觉器官（传感器）获得信息，控制动作，调整自己的状态，保证在适应环境的情况下完成工作。上一节介绍的玉兔号月球车就属于较复杂的感觉控制型机器人。

1.2.5　学习控制型机器人

学习控制型机器人同样具有一定的感知能力，能够根据感觉器官获得的信息控制自身的动作，同时它还具有一定的学习能力，能够在工作过程中记录一些信息，"总结"一些"经验"，并将这些内容应用于以后的工作中。

1.2.6　智能机器人

智能机器人依靠人工智能技术决策行动，感觉器官更多、更灵敏，能够根据感受到的信息进行独立思考、识别、推理，并作出判断和决策，无须人的参与就可完成一些复杂工作。目前，智能机器人在许多方面具有人类的特点。随着机器人技术的不断发展和完善，机器人的智能水平会越来越接近人类。

1.3　自律型移动机器人

自律型移动机器人可以简单地定义为"一种以智能方式将感知和动作连接在一起的自移动机械装置"。这个定义将"智能"作为机器人的一个主要特征，好像自律型移动机器人需要具备一定的独立思考、判断、决策能力，但事实上这里的"智能"仅仅是指将传感器信息处理成具有最低层次复杂度的执行器输出。上一节介绍的感觉控制型机器人、学习控制型机器人和智能机器人都可以算作自律型机器人，只是其连接感知和执行的智能程度不同。自律型移动机器人一般具备以下要素。

1.3.1　感　知

为了能在未知的复杂环境中有效工作，机器人必须实时收集相应的环境信息。传感器的作用就是为机器人提供这些信息。传感器是一种将物理信号转化为电信号的器件，一旦感知到电信号发生变化，机器人就能够知道外部环境发生了改变。

在机器人的世界里，绝大多数传感器都是被动工作的，它们等待核心控制部分询问外部环境的状态，如"左前方是否有障碍物？"一旦被询问到，传感器就会返回当前环境状态所对应的电信号。机器人在工作过程当中可能会每秒数百次、数千次地询问同一个传感器相同的问题，这些问题的答案可以使机器人明确自己所处的环境状况。

在使用传感器的过程中，我们首先要搞清楚传感器的回答是什么，是否能作为判断环境状况的依据。例如，使用红外避障传感器时，传感器的回答就并不是前方是否有障碍物遮挡，而是它是否收到了反射回来的红外光。了解这一点后，我们就必须考虑是否还有别的因素会影响传感器的回答、是否还需要添加其他辅助传感器等。清楚地了解传感器的回答，它有哪些缺陷以及使用上的不足，对于制作一个适应能力更强的自律型移动机器人大有裨益。

1.3.2　动作与结构

机器人感知到环境的状态，决定自己应该做什么后，就会发送或改变输出的电信号，控制相应的机构动作，以完成任务。这个过程与传感器的工作过程相反，是将电信号转换为相应的物理量。电信号不但可以转换成声、光、影，还可以转换成动能、势能、磁能。自律型移动机器人的制作常常需要将电信号转换成电机的动能。

机器人的动作与外围的结构件有着非常紧密的联系，这些结构件通常表现为杠杆、连轴、凸轮、皮带、齿轮等形式。不同结构件表现出的动作有很大的差异，同样是电机旋转动作，配合凸轮就能表现为水平或垂直方向的移动，配合齿轮就能表现为加速或减速的圆周运动。

这些结构件要简单、结实、动作顺畅。一般来说，结构件的设计需要较为丰富的结构设计经验，成熟机器人产品的结构件都经过了反复修改，并进行了大量的实验验证。

1.3.3　智　能

机器人不同于计算机，现在人们对计算机的抽象定义已经达成了共识，尽管各种计算机的处理速度和存储能力不一样，但从原理上来说基本是相同的。同一个程序，如果在昂贵的高级计算机上能解决某一个问题，那么它在一个8位微处理器上也应该能够解决同样的问题。然而在机器人领域，几乎每个机器人都不一样，不同机器人具有不同的感知能力和执行能力。

机器人的设计、程序以及工作环境，三者结合决定了机器人的智能。如果忽略了传感器的使用和机器人运动中可能存在的问题，那么机器人制作注定是要失败的。正是这些问题以及机器人工作环境的未知性和多变性，促成了自律型机器人的研究，使自律型机器人制作变成了一件既有趣又困难的事情。

自律型机器人所处的环境是动态的：看似坚硬平滑的地面永远是不平坦的，地面的材质会影响机器人的移动速度，机器人的动作可能永远也无法执行到位。它必须不断检测环境变化，分析自己的状况。一旦环境改变，就立即做出反应。机器人的智能必须基于尽可能全面精确的传感器信号、合理灵活的结构设计、对环境因素的充分考虑，再加上优秀的、强逻辑性程序设计来实现。

1.4 小 结

本章介绍了什么是机器人以及接下来要制作的操作型机器人和自律型移动机器人，并进一步讲述了自律型移动机器人都有哪些要素。

根据以上内容可知，自律型移动机器人必须具备在未知环境中自主完成某些工作的能力，而机器人所处的环境、所要执行的任务和所配备的传感器是相互关联的三个要素，不能彼此孤立后单独考虑。

第2章 机器人的运动

机器人研究的目的是让机器人协助或取代人类的工作或完成一些人类无法完成的危险工作，这就要求机器人具备很好的环境适应能力，能够应对多种复杂环境，在这样的前提下完成既定任务。通过第1章了解了机器人的一些概念后，这一章我们讲一讲机器人运动的基础知识。

2.1 机器人运动的环境

随着机器人研究的迅速发展，研究人员希望找到一种能够适应各种复杂环境的运动形式。于是许多机器人研究转向了生物学，研究对象是动物在自然界生存状态下的行为特征。生物学研究工作大部分是在野外自然环境中进行的，因为对生物学家来说，生物本身与其所处的自然环境是密不可分的。机器人同样是在特定环境中运行的，因此也应该到对应的环境中寻找解决办法。除此之外，至少还应进一步考虑你希望机器人执行什么动作，想得越多、越全面，离成功就越近。

2.1.1 机器人所处的环境

一般机器人都是基于室内环境设计的，如迷宫中的墙壁、室内的箱子、比赛中的障碍物等，这些环境因素对机器人驱动装置的影响是固定的，无突发性。再者就是室内的家具、人、宠物等典型障碍物，以及门槛的高低、地毯的质地、地板间的缝隙，甚至是地上的鞋子、儿童玩具等，这些障碍物对机器人设计的影响也十分有限。

室外环境相对于室内环境就复杂多了，除了要考虑机器人执行任务时会遇到的特殊情况外，防尘、防潮、气候影响及减震等方面也不可忽视。这些都会影响机器人的驱动装置，甚至影响控制板的正常工作。在室外环境中工作的机器人可能不会知道自己将会遇到什么障碍，不能非常明确地知道自己当前的位置，并且随着自身的移动这种不确定性会越来越高。

　　以往的控制方式是通过解释环境中的每一个物体来建立环境模型，然后据此控制机器人执行相应的动作。这种方式的效果很不好，因为每次执行动作之前都要进行大量的计算，导致机器人行动缓慢、反应迟钝。而机器人所处的环境在不断变化，有时等机器人执行完动作之后，外部环境已经变得不符合执行动作的条件了。

　　现在，研究人员尝试让机器人自己在环境中寻找物体，而不是让编程人员告诉机器人会遇到什么情况。机器人通过传感器感知周围不断变化的环境，不是仅对物体进行一次感知，而是要对环境中的事物进行连续实时检测，一旦检测结果发生变化，就立即做出响应。这是自律型机器人研究的重点。

2.1.2　开环控制与闭环控制

　　开环控制与闭环控制是目前广泛应用的两种机器人动作控制方式。

　　闭环控制是指作为被控的输出以一定方式返回作为控制的输入端，并对输入端施加影响的一种控制关系。在控制论中，闭环通常指输出端通过"旁链"方式回馈到输入端，输出端回馈到输入端并参与对输出端的再控制，一般通过反馈来实现。从反馈实现的具体方式来看，正反馈和负反馈属于代数或者算术意义上的"加减"反馈方式，即输出量回馈到输入端与输入量进行加减的统一性整合后，作为新的控制输入进一步控制输出量。

　　如果系统的输出端与输入端之间不存在反馈，也就是被控的输出量不对控制产生任何影响，那就成了开环控制。开环控制不存在由输出端到输入端的反馈通路，故而又被称为无反馈控制。同闭环控制相比，开环控制的结构要简单得多，同时也更经济。

　　开环控制与闭环控制的区别主要有两点：

　　（1）有无反馈。

　　（2）是否对当前控制起作用。

　　开环控制一般在瞬间就完成控制动作，而闭环控制一般会持续一段时间，以修正输入端的控制。自律型机器人一般采用闭环控制，以适应不断变化的环境。

2.2 机器人运动的方式

本书主要介绍操作型机器人和简易自律型移动机器人的制作，只介绍直流电机与舵机两种形式的动作执行器，对应的是最基础的轮式机器人。

2.2.1 机器人的尺寸和体重

在一个未知的环境中，机器人的尺寸和体重越小，它的适应能力就越差，所面临的问题也就越多。一个小纸盒就可能是一个机器人无法逾越的高墙，地毯上的轻微褶皱就可能使机器人的轮子悬空。相对来说，尺寸较大的机器人受环境的影响要小得多，因为轮子较大，电机功率强劲，所以能够轻易越过这些障碍。然而，大尺寸的机器人也有其本身的问题。

（1）机器人越大，所需要的驱动电机就越大，价格也越高。

（2）大型机器人需要的能量更多，这就导致了它的电池更大，体重更大。

（3）机器人越重，需要的驱动电流越大，这就导致一般的元器件可能无法满足要求。

（4）大功率电机输出的转矩大，这就要求联轴器、轴承等能够承受大载荷，致使机械设计面临更大的挑战。

2.2.2 车轮和履带

直观上来看，履带机器人更能适应复杂地形，但是履带结构对于机械设计来说是一个让人头疼的问题。履带机器人有三个必备组件：驱动链轮、空转链轮和履带。图2.1所示为履带结构示意图。空转链轮与驱动链轮看起来一样，不过它的作用仅仅是使履带张紧。

履带机器人制作可能会碰到牵引效果不好的情况，因此设计阶段就要考虑轮胎与路面能否充分接触。选择很长的履带时，可能会出现某一时刻大部分履带都不与路面接触，即履带未能紧贴路面的情况。这时就需要加装载重轮，如图2.2所示。载重轮可以将机器人的重力转移到履带上，使履带紧贴路面。最好在给定的空间里使用尽可能多的载重轮。

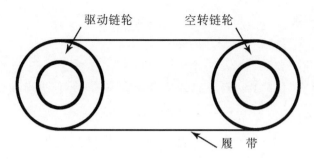

图2.1　履带结构示意图

图2.2　有载重轮的履带结构示意图

履带机器人行进时，履带在行进方向上具有很强的附着力，而在与行进方向垂直的方向上附着力很小。也就是说，履带机器人笔直行进时的牵引效果很好，但是经过斜坡时可能会沿着斜坡滑到坡底。

另外，在大摩擦力路面使用大摩擦力履带时，经常会出现履带脱落的情况，这是转弯时打滑所致。同时，路面上任何细小的碎片都可能嵌入到履带中，造成履带脱落。

抛开履带机器人，目前大多数机器人还是基于轮式结构设计的。由于机器人需要适应复杂的地形，许多商业或探测机器人都有四个或更多轮子，而且车身距离地面有足够的高度。然而，使用大直径车轮的问题也随之而来，轮子越大，其转动惯量越大，所需的驱动转矩也越大。

2.3　直流电机

直流电机是将直流电能转换成机械能的装置，目前广泛用于机器人驱动，具有效率高、调速性能好和启动转矩大等特点。

2.3.1　工作原理

在磁场中放入通电导体，导体就会在电磁感应的作用下受力运动。直流电机由定子和转子两部分组成。直流电机运转时静止不动的部分被称为定子，主要作用是产生磁场，通常由永磁体构成；转动的部分被称为转子，主要作用是产生电磁转矩和感应电动势，是直流电机进行能量转换的枢纽，通常由绕组构成。

图 2.3 所示为直流电机的模型。在一对静止的磁极 N 和磁极 S 之间，安装一个可以绕 Z 轴旋转的矩形线圈 abcd（这部分通常被称为电枢）。线圈的两端 a 和 b 分别接换向器的两个半圆形铜环。铜环之间彼此绝缘，和电枢装在同一根轴上，随电枢一起转动。A 和 B 是两个固定不动的电刷，和换向片滑动接触。来自直流电源的电流就是通过电刷和换向片流入线圈的。

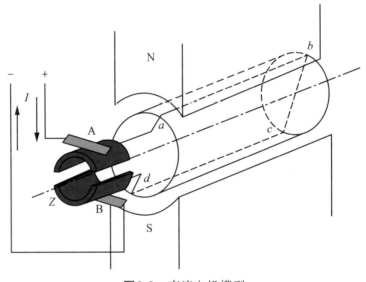

图2.3　直流电机模型

当电刷 A 和 B 分别接直流电源的正极和负极时，电流从电刷 A 流入，从电刷 B 流出，线圈中电流的方向是 a→b→c→d。考虑到电磁感应，当电枢处于图 2.4（a）所示的位置时，线圈边 ab 的电流方向为 a→b（表示为 ⊕），会受到一个向左下方向的力；线圈边 cd 的电流方向为 c→d（表示为 ⊙），会受到一个向右上方向的力。这样，就产生了一个逆时针方向的转矩，电枢逆时针旋转。

随着电枢的旋转，当线圈边 ab 从 N 极进入 S 极，而线圈边 cd 从 S 极进入 N 极时，与线圈 a 端接触的换向片跟电刷 B 接触，而与线圈 d 端接触的换向片跟电刷

A接触，如图2.4（b）所示。这样，线圈中电流的方向变为$d→c→b→a$，从而保证N极下方导体中电流的方向不变，因此转矩的方向也不变，电枢的旋转方向保持不变。这样，通过传动装置，直流电机就可以带动其他部件旋转了。

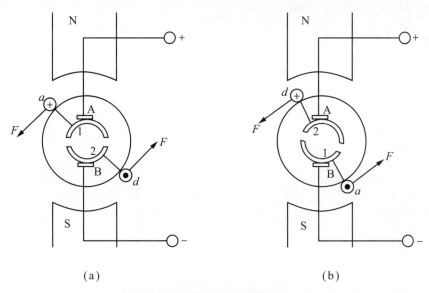

（a）　　　　　　　　　　　　（b）

图2.4　电机的工作原理

分析直流电机的原理便会发现，线圈中电流越大，线圈边在磁场中所受的力就越大，电机的转速就越高；反之，电流越小，电机转速就越低。

2.3.2　正反转控制

直流电机的正反转控制实际上是通过切换直流电压的正负极实现的。如图2.3所示，当电刷A接正极、电刷B接负极时，电枢逆时针旋转；当电刷A接负极、电刷B接正极时，电枢顺时针旋转。

实际应用中常采用图2.5所示的H桥驱动电路，由4个晶体管组成。要驱动

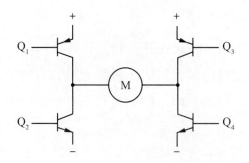

图2.5　H桥驱动电路示意图

电机旋转，必须导通对角线上的一对晶体管。根据不同晶体管对的导通情况，电流可能会从左至右或从右至左流过电机，从而控制电机的转向。

如图2.6（a）所示，当晶体管Q_1和Q_4导通时，电流自电源正极经Q_1从左至右流过直流电机，然后经Q_4回到电源负极，驱动直流电机沿一个方向旋转（假设顺时针旋转）。如图2.6（b）所示，当另一对晶体管Q_2和Q_3导通时，电流从右至左流过直流电机，驱动直流电机沿另一方向旋转。

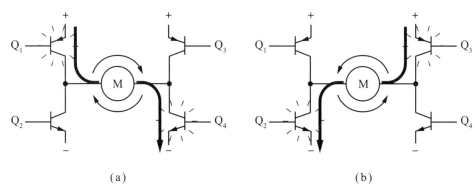

（a）　　　　　　　　　　　　（b）

图2.6　H桥驱动电路控制直流电机

2.3.3　选　型

选择直流电机之前，应先了解机器人总的功率要求，即先要知道机器人的负载。直流电机的最大功率一般出现在转矩为最大转矩的1/2、转速为最大转速（空载速度）的1/2时。电机的功率可用下式计算：

$$P_m = T\omega$$

式中，T为转矩（N·m）；ω为角速度（rad/s）。

直流电机的最大功率可表示为

$$P_m = T_{max}\omega_{max}/4$$

为机器人选择电机时，应设法让电机运转在最佳效率状态，而非最大功率状态，这样可以获得更长的运行时间。对绝大多数直流电机而言，最佳效率状态的转矩相当于启动转矩的1/10，比最大功率对应的转矩小。要确定直流电机的功率，首先应当确定机器人运动所需的功率，所选电机的最大功率应略大于该值。这样，在预定转速和理想输出功率下运行时，电机的电流最小。通过参数估算，可以使电机在最佳效率速度附近运行。

除了应了解机器人总的功率要求外，还应考虑以下几个方面。

1. 电机速度

机器人的速度是必须考虑的问题。其实，不仅要考虑电机速度，还要考虑电机经过减速器后的输出速度，这要视机器人的应用环境而定。使用减速器有两个好处，一是直流电机转速普遍在8000 ~ 20000r/min，不利于控制，减速后可以获得较大的转矩；二是电机工作在很高的转速，可以获得较高的效率，对电池的寿命有利。但要注意，一般情况下，减速器的减速比越大，效率损失越大。

2. 输入要求

电机的输出功率越大，对应的电流也越大。所以，选择电机时还要考虑电机的额定输入电压和输入电流。不常见的输入电压类型会对供电系统构成挑战。

3. 连续运行时间

连续运行时间关系到机器人需要隔多久更换电池或充电。受限于加速箱磨损或者电机发热等问题，有些电机可以长时间连续运转，有些则不行。

4. 输出形式

常见的电机都是轴输出形式的，如果轴端为标准平面，就很容易与车轮及类似部件装配。但是，很多电机的轴是非标准平面的，这就需要在结构设计上单独考虑了。

5. 轴的载荷

直接将车轮装在电机输出轴上是业余爱好者常用的连接方式。但是，对于重型机器人，这种做法会导致电机轴承或减速器轴承承受较大的载荷，对电机寿命不利。

6. 附加部件

有些电机还内置了某些零部件，如编码器、测速电路、制动器等。如果设计的机器人需要这些功能，使用内置这些零部件的电机是不错的选择。

7. 噪　声

电机噪声在一些场合可能不是什么问题，但是另一些场合就变得不可忽视了。麻烦的是，噪声并不容易预测，有的电机只在载荷较大时才会产生较大噪声。

2.3.4　输出轴

对于尺寸较小的小型机器人，电机输出轴载荷可能不是问题。但是，对于尺寸较大的大型机器人，电机的输出轴载荷直接关系到电机的寿命和效率。

电机输出轴的载荷有两类：一类是径向载荷，这也正是需要用户特别注意的；另一类是轴向载荷，它的作用方向平行于轴线，如图2.7所示。

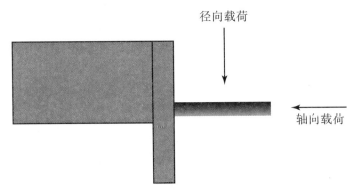

图2.7　径向载荷与轴向载荷

电机技术指标中一般会列出输出轴的最大载荷。最大径向载荷通常与力的作用点到轴承的距离有关，如图2.8所示。可以将输出轴当做杠杆，这个距离越大，输出轴承受的载荷越大。

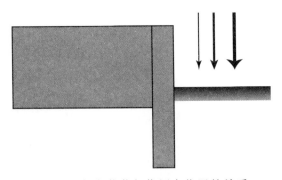

图2.8　径向载荷与作用点位置的关系

对于轮式机器人，输出轴载荷是无法回避的话题，尤其是当车轮直接固定在减速器输出轴上的时候。在这种情况下，如果机械连接十分简单，大部分载荷就会直接施加在电机输出轴上。对此，设计上应尽量使车轮靠近电机壳，以减小载荷的影响。应尽可能避免延长输出轴，尽量不要将车轮安装在输出轴末端。使用皮带或链条传动时，皮带和链条张得过紧也会导致输出轴径向载荷增大。

将车轮安装在独立支架上，通过弹性联轴器与电机相连，这种方式可以有效减小电机输出轴的径向载荷。这在机械设计上较复杂，但对于重型机器人设计是必要的。

电机输出轴所能承受的最大载荷取决于支撑它的轴承。对于减速器，轴承可起到保护齿轮的作用，延长减速器的寿命。

2.3.5 联轴器

如果车轮不是直接安装在电机输出轴上，那么势必要使用联轴器。联轴器可以分为刚性联轴器、弹性联轴器和重载联轴器三类。

1. 刚性联轴器

刚性联轴器由短金属圆管制成，柱面加工有螺纹孔，孔内通常附带紧定螺钉，如图2.9所示。

图2.9 刚性联轴器

紧定螺钉用来防止输出轴在轴孔内松动，如果输出轴上加工了止动平面，固定效果会更好。

2. 弹性联轴器

如果要连接的两根轴无法对齐，甚至存在一定的角度差，就要使用弹性联轴器，如图2.10所示。有了弹性联轴器，就可以避免将车轮直接安装在电机输出轴上，可有效防止电机输出轴承受过大的径向载荷。

图2.10　弹性联轴器

3. 重载联轴器

使用联轴器传递大扭矩时往往会遇到联轴器失效的问题，尤其是依赖紧定螺钉固定输出轴时。随着时间的流逝，与紧定螺钉接触的输出轴止动平面会磨损，逐渐形成一个凹坑，这会导致输出轴松动。

对此，可以在与第一颗紧定螺钉成120°的地方加固一颗紧定螺钉，以分担载荷，如图2.9所示。另外，还可以考虑使用销钉，将其从联轴器的一面插入，贯穿输出轴后从另一面穿出。

2.3.6　安　装

大多数业余爱好者习惯将机器人的驱动轮直接安装在电机轴上，这时要注意以下问题。

1. 平　衡

对于双轮驱动的机器人，要让左右轮处于同一个平面。为此，安装电机和车轮后，可以将机器人放在光滑平面上，仔细观察机器人是否倾斜，发现倾斜时可在支架与底盘之间塞入垫片进行调整。

如果是单轮驱动，同时依靠另外两个辅助轮来支撑和转向，那么对非驱动轮也要进行同样的检查和调整。

2. 对　称

采用双轮驱动时，要确保两个驱动轮的轴线处于同一前后位置。对于单轮驱动，则驱动轮要安装在两个辅助轮轴线的中垂线上。

3.同 轴

当驱动轮直接安装在输出轴上时，双驱动轮务必是同轴的。即使驱动轮没有直接安装在输出轴上，也应事先规划好如何安装电机。采用链轮、皮带轮等传动时，要计算好链条、皮带的长度以及张力，确保传动时不会打滑。

2.4 舵 机

舵机的学名是"伺服电机"，最早出现在航模运动中，是控制模型动作的主要部件。其主要作用是把接收到的电信号转换成输出轴的角位移或角速度。在机器人控制领域，舵机得到了广泛应用。

2.4.1 工作原理

舵机由直流电机、减速器、控制板三部分组成，一般结构如图2.11所示。根据舵机的输入信号，控制板输出直流电机驱动电流，并通过电位器检测输出轴的位置，进行闭环控制。

其输入信号是脉宽变化的脉冲，而舵机本身也会产生类似的脉冲，但是极性与输入信号相反。这两个信号的正负差，就是舵机电机正反转的依据。与电机联动电位器控制着舵机产生信号的脉宽，随着电机的转动，输入信号和输出信号最终会等脉宽，这时舵机进入平衡状态，停转。

图2.11 舵机的结构及控制信号

2.4.2 控制方式

标准舵机有3条控制线，分别是电源线、地线和信号线。电源线和地线用于给直流电机及控制板供电，电压通常为4～6V。考虑到电机会产生噪声，舵机电源应尽可能与信号处理系统的电源隔离。通过信号线输入的脉冲信号，高电平脉宽通常在0.5～2.5ms，低电平脉宽在5～20ms。舵机每隔20ms必须接收到高电平信号，否则无法保持位置。典型的脉冲信号与舵机位置的关系见表2.1。

表2.1　脉冲信号与舵机位置的关系

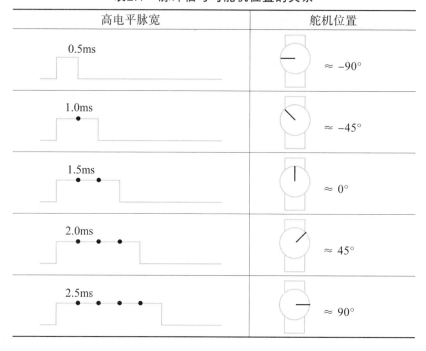

高电平脉宽	舵机位置
0.5ms	≈ −90°
1.0ms	≈ −45°
1.5ms	≈ 0°
2.0ms	≈ 45°
2.5ms	≈ 90°

2.4.3　选　型

一般来说，舵机的外形尺寸越小，输出的速度和扭矩越小。在尺寸固定的情况下，舵机性能通常有两个衡量指标：扭矩，转动60°所需要的时间。"舵机速度是0.22s"，即舵机转动60°需要0.22s。

另外，普通舵机常采用塑料齿轮，较贵的舵机会采用金属齿轮。但是，即使是金属齿轮舵机，至少也会使用一个塑料齿轮，其主要功能是防止舵机堵转导致直流电机烧毁。

再有，看输出轴上是否装有滚动轴承。与塑料或者含油轴承相比，滚动轴承使得舵机运转更安静、更强劲、更耐久。

舵机的安装比较简单，一般采用L形支架或U形支架，只要在支架上钻出舵机安装孔和供舵机输出轴穿过的通孔就行。另外，考虑到舵机输出轴的根部通常较粗，通孔要大一些。

2.4.4　改　装

舵机经过改装可以实现连续旋转（即360°旋转），改装后可以通过表2.1中的信号控制其正反转以及转速。

但是，并非所有舵机都能改装，因为有的舵盘齿轮并不是整个圆周上都有齿，改装前一定要确认好。另外，塑料齿轮舵机的改装相对容易一些。这里以图2.12所示的DF05BB舵机为例进行说明，改装步骤如下。

图2.12　DF05BB舵机

（1）用螺丝刀卸下舵机顶盖的固定螺钉，如图2.13所示。

图2.13　卸下固定螺钉

（2）拆下舵机的顶盖，可以看到里面有很多的齿轮（图2.14），注意记下这些齿轮的摆放位置和顺序，以便之后复原。

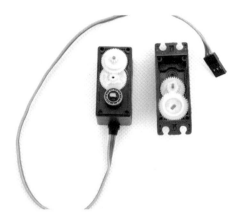

图2.14　舵机中的齿轮

（3）从顶盖上取下舵盘齿轮。这个齿轮上有一个被称为"止动齿"的突起，其作用是防止舵机的运动角度超出范围，如图2.15所示。用刻刀切除这个止动齿，如图2.16所示。

图2.15　取下舵盘齿轮

图2.16　切除止动齿

（4）将顶盖装回，从底部取下直流电机和控制板，如图2.17所示。控制板

图2.17　取下直流电机和控制板

连接着一个电位器,通过刚才改动过的那个齿轮获取舵机转动角度,以控制输出轴精确旋转至设定角度并保持位置。

要使舵机连续旋转,需要让控制板无法获取电位器的信号。一种方法是改动舵盘齿轮,使其无法带动电位器旋转;另一种方法是换用小一些的电位器,使其无法随齿轮转动。

这里采用第二种方法,用烙铁取下该电位器(图2.18),然后安装一个5kΩ或10kΩ的电位器,如图2.19所示。

图2.18 取下电位器

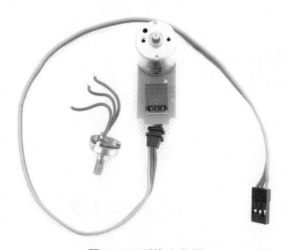

图2.19 更换电位器

(5)将直流电机和控制板装回原位,给舵机供电。同时,通过舵机信号线输入1.5ms脉宽的控制脉冲信号,然后调整电位器使直流电机止动。此时,改变信号的脉冲宽度,直流电机的转速也会发生变化。直流电机转速与脉宽的对应关系可参照表2.2。

表2.2　直流电机转速与脉宽的对应关系

高电平脉宽	直流电机转速
0.5ms	反向全速
1.0ms	反向半速
1.5ms	停　止
2.0ms	正向半速
2.5ms	正向全速

　　如果去掉舵机的控制板，我们就能得到一个齿轮减速直流电机，可以按照 2.3 节的内容控制它。

2.5　小　结

　　本章主要介绍了一些机器人运动的基础知识，包括运动的环境、运动的方式，以及两种主要的机器人驱动部件——直流电机和舵机。目的是让大家了解机器人的运动是怎样实现的。

　　掌握这些基础知识之后，下一章将会介绍简易操作型机器人的制作。

第3章　操作型机器人的制作

了解了直流电机以及舵机的工作原理之后，我们尝试制作一个简易操作型机器人。

3.1　直流电机与车轮

最简单的操作型机器人为三轮结构，只需控制直流电机的正反转。

直流电机的使用一般有两种方式：第一种是一个直流电机控制驱动轮，另一个直流电机控制转向轮，市售遥控汽车便是代表；第二种是两个直流电机分别控制两个驱动轮，通过两轮的速度与转向控制机器人的移动方向。第二种方式能够实现机器人原地转向，且制作起来较简单，下面的内容便是基于这种两轮驱动方式展开。

考虑到直流电机、减速器与车轮的连接问题，这里我们选用一款较常见且价格较低的直流电机、减速器以及车轮的套装。直流电机及减速器的外观如图3.1所示，车轮的外观如图3.2所示。

图3.1　直流电机及减速器　　　　　图3.2　车　轮

直流电机的额定电压为6V，额定转速为19500r/min，空载电流小于240mA。

减速器的减速比为1：120。直流电机经减速器后输出转速大约为160r/min，直流电机及减速器的外形尺寸如图3.3所示。

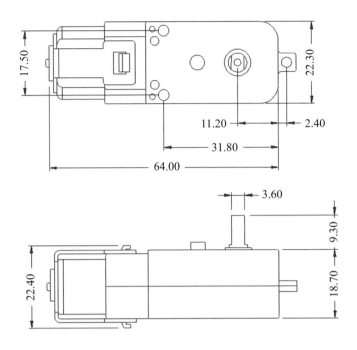

图3.3　直流电机及减速器的外形尺寸（单位：mm）

轮子的直径为65.6mm，宽度为26.6mm，可直接安装在减速器的输出轴上，如图3.4所示。

如果选用的轮子和减速器输出轴不配套，如图3.5所示，那就需要使用配套的联轴器。

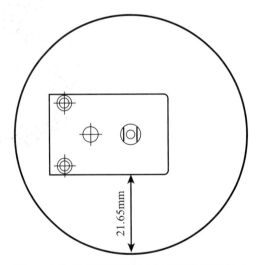

图3.4　轮子直接安装在减速器的输出轴上

图3.5　需要使用联轴器的轮子

3.2　万向轮与电源

3.2.1　万向轮的选择

采用两轮驱动方式时，控制两个直流电机的速度与转向就能够控制机器人的转向，所以第三个轮子采用万向轮即可。根据底板和减速器的安装位置，选用大小适当的万向轮。若底板安装在减速器的上沿，那就要选择一个高度约43.95mm的万向轮（21.65mm+22.3mm），如图3.6所示（这种万向轮有不同的尺寸，大家在购买的时候一定要选择正确的尺寸）；若底板安装在减速器的下沿，那么就要选择一个高度在20mm左右的万向轮。这时可以考虑选用体积较小、较为灵活的牛眼轮，如图3.7所示。笔者选用的牛眼轮的外形尺寸如图3.8所示，高20mm。

图3.6　大万向轮

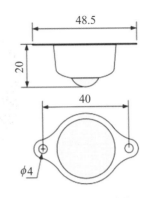

图3.7　牛眼轮外观　　　　图3.8　牛眼轮的尺寸（单位：mm）

　　如果考虑底板的厚度，可能要选择高度更小的万向轮。例如，底板采用3mm厚木板时，可以考虑图3.9所示的小万向轮，其外形尺寸如图3.10所示。

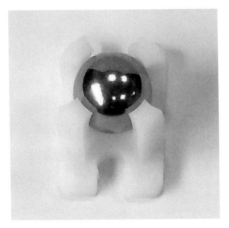

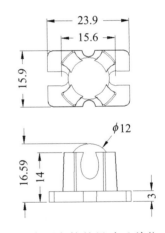

图3.9　小万向轮外观　　　图3.10　小万向轮的尺寸（单位：mm）

3.2.2　电源的选择

　　通常采用5号电池供电。根据需求可以选择不同电池容量的电池盒，图3.11所示为5节5号电池的电池盒，使用充电电池时电压能够达到6V，使用干电池时电压能够达到7.5V。

图3.11　电池盒

3.3 控制开关

选好带减速器的电机、轮子以及万向轮之后，就可以开始简易操作型机器人的制作了。不过，有必要在制作之前介绍一下用于操控的开关。

3.3.1 双刀双掷开关

双刀双掷开关其实是由两个单刀双掷开关并列而成的，两个刀共用一个塑料手柄。如图3.12所示，左侧为双刀双掷开关，右侧为单刀双掷开关。

图3.12 双刀双掷开关和单刀双掷开关

单刀双掷开关的动端就是"刀"，接电源的进线；另外两端是不动端，通常接用电设备。当刀向上掷的时候，中间的动端与上端相连；当刀向下掷的时候，中间的动端与下端相连。而双刀双掷开关能同时控制两个刀的动作，如果将两个刀分别接电源的正极和负极，则如图3.13所示。

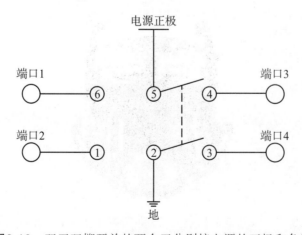

图3.13 双刀双掷开关的两个刀分别接电源的正极和负极

这样，利用双刀双掷开关能够分别控制两个设备，或者控制一个电机的正反转，如图3.14所示。

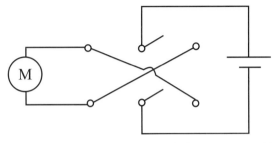

图3.14　用一个双刀双掷开关控制电机的正反转

当双刀掷向左边时，电机的上端接电源正极，下端接电源负极；而当双刀掷向右边时，电机的上端接电源负极，下端接电源正极。

说　明

两条线相交时，一条线拱起的半圆表示两条线不相连。

3.3.2　简易线控的操作型机器人

根据以上内容可知，利用两个双刀双掷开关就能够制作一个简易线控操作型机器人。

方案1：买一个和减速器配套的机器人框架，将带有减速器的电机和万向轮装在框架上，如图3.15所示。

图3.15　在现成的框架上安装带有减速器的电机和万向轮

方案2：如果不想买现成的框架，也可以用方形塑料盒替代。比对减速器和万向轮的安装孔位，在塑料盒的两侧和底面分别用手电钻加工出安装孔以及减速器的出轴孔，固定带有减速器的电机后效果如图3.16所示。

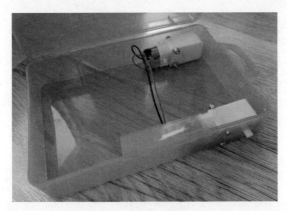

图3.16　在塑料盒上钻孔并安装带有减速器的电机

方案3：　如果觉得钻孔很麻烦，还可以使用冰棍杆和扎带制作机器人框架，如图3.17所示。

图3.17　用冰棍杆和扎带制作机器人框架

以方案3的冰棍杆机器人为例，制作过程如下：

（1）将4组两两并列的冰棍杆按图3.18十字相交，然后用扎带绑定。

图3.18　三组两两并列的冰棍杆十字相交

注意，为了让框架更稳定，顶部横向的冰棍杆有两层，如图3.19所示。

图3.19　顶部横向的冰棍杆有两层

（2）按照同样的方式构建另一侧，并用扎带将带有减速器的电机固定在冰棍杆上，如图3.20所示。

图3.20　固定两个带有减速器的电机

图3.20是图3.17的顶视图。注意，两个减速器的顶部用一根冰棍杆进行加固。减速器可以通过其自身的固定孔绑定在冰棍杆上，如图3.21所示。

图3.21 减速器的固定

（3）按图3.22所示固定万向轮。由于冰棍杆（相当于底板）在减速器上方，所以要先用图3.6所示的大万向轮。

图3.22 安装万向轮

（4）控制器部分采用图3.23所示的三挡双路船形开关，其功能与双刀双掷开关相同。开关位于中间挡位时，其中间的动触点和两端的静触点都不导通。

图3.23　三挡双路船形开关

现在要控制两个电机，所以需要两个船形开关。将它们装在纸盒或塑料盒上，如图3.24所示。

图3.24　将两个船形开关装在一个纸盒上

（5）打开盒子后如图3.25所示，将电池盒放在纸盒内，并按照图3.14用导线连接开关和电机，完成后的控制器如图3.26所示。

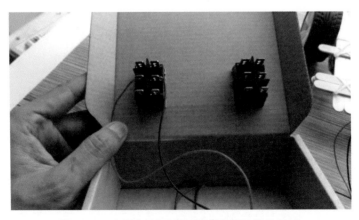

图3.25　盒子打开后能看到船形开关的接点

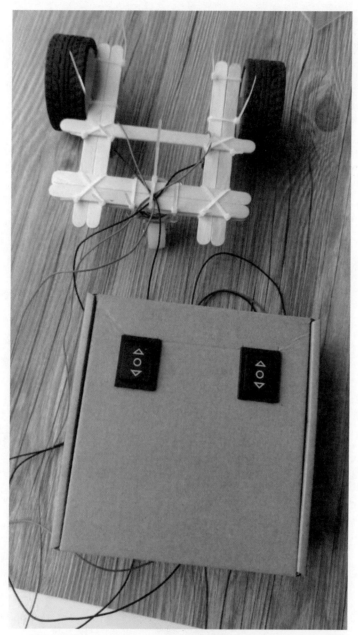

图3.26　制作完成的简易线控操作型机器人

　　注意，接线时最好接好一路就进行测试，确保一路电机控制正常后再进行另一路的接线。另外，还要看开关的安装方向是否一致、是否符合使用习惯，这类问题要早发现早解决。

3.4　遥控操作型机器人

上述线控操作型机器人总有一条线牵着控制器，操作起来非常不方便。我们可以利用一些电子元器件将其改造为遥控操作型机器人，具体有以下四种方式。

（1）使用现有遥控玩具中的电路板。

（2）购买现成的遥控板。

（3）利用开源硬件制作遥控接收系统。

（4）购买航模遥控器的接收器，配合360°舵机实现遥控操作。

第一种方式和第二种方式差不多，这类控制板基本都有连接电机和电池的接口，按照对应的接口连接即可（注意电机上两条线的顺序以及电源极性）。第三种方式较复杂，在下一章专门介绍。下面就第四种方式作简要介绍。

3.4.1　航模遥控接收器

航模遥控接收器用于接收航模遥控器的信号以控制舵机，其外观如图3.27所示。

图3.27　三通道航模遥控接收器

根据控制的模型，接收器通常有多个通道（每个通道控制一个舵机），这里只需要控制两个舵机，选择一个三通道的接收器即可。

接收器上的接口都是三芯的，可以直接插舵机线。

3.4.2 舵机的安装

为了方便安装，市售舵机通常会配售支架。常见的舵机支架如图3.28所示，其对应的尺寸图如图3.29所示。

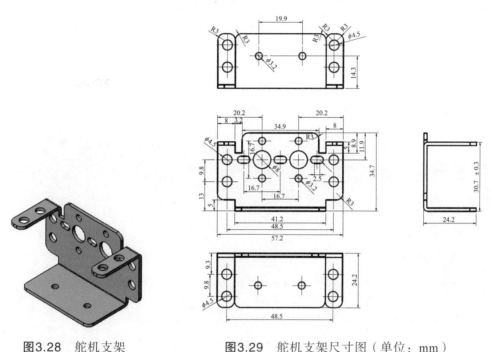

图3.28 舵机支架　　　　　图3.29 舵机支架尺寸图（单位：mm）

3.4.3 底板设计

由舵机尺寸图可知，舵机支架和减速器的厚度差不多，借助它我们可以用舵机替换直流电机和减速器。不过有了支架，舵机安装就不再依赖立面了。将支架装在一个底板上，然后将舵机固定在支架上，就能制成简易机器人移动平台。

这里，我们使用软件LaserMaker绘制矢量图，然后利用激光切割机加工出一个底板，具体步骤如下：

（1）底板大小设定为11cm×21cm，因此先绘制一个110mm×210mm的矩形，如图3.30所示。

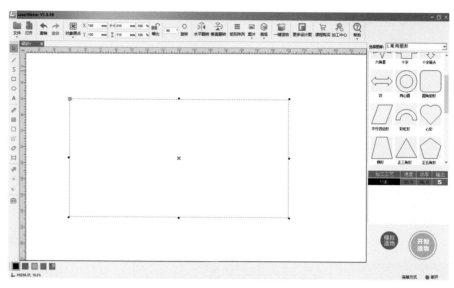

图3.30　在软件中先绘制一个矩形

（2）舵机支架尺寸为57.2mm×34.7mm（图3.29）。因此，先在右上角和右下角各绘制一个57.2mm×34.7mm的矩形，如图3.31所示。

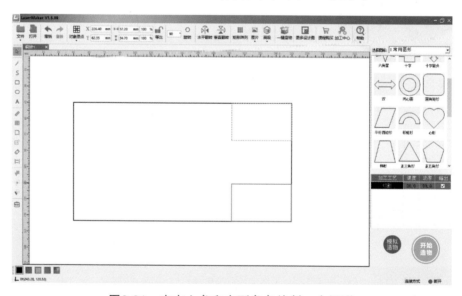

图3.31　在右上角和右下角各绘制一个矩形

（3）绘制四个支架安装孔。其中，靠外的两个孔的中心距离最近的长边11.9mm，距离最近的短边（57.2−48.5）÷2 = 4.35（mm），孔径为4.5mm（参考图3.29）。据此绘制的两个安装孔如图3.32所示。

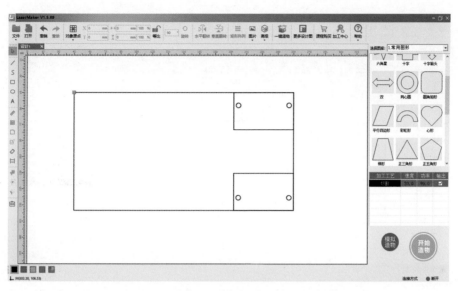

图3.32 绘制舵机支架外侧的两个安装孔

（4）将靠外的两个安装孔沿短边向内平移9.8mm（参考图3.29），绘制内侧的两个安装孔，如图3.33所示。

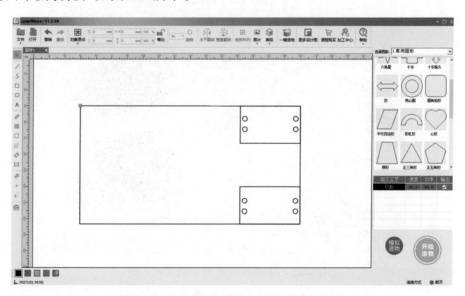

图3.33 绘制舵机支架内侧的两个安装孔

（5）删掉之前绘制的右上角和右下角的辅助矩形，参照图3.10所示的小万向轮的尺寸在底板左侧绘制万向轮安装孔，如图3.34所示，孔径为4mm。

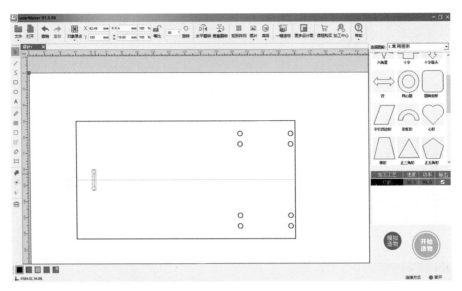

图3.34　绘制小万向轮的两个安装孔

（6）使用激光切割机加工出底板，借助支架安装舵机后如图3.35所示。

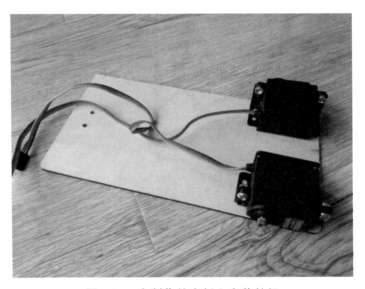

图3.35　在制作的底板上安装舵机

我们使用3.1节的车轮，用螺钉固定在舵盘上，如图3.36所示。

图3.36 将车轮固定在舵盘上

至此，装上电源（可以使用航模锂电池）、接收器之后，这个由舵机驱动的简易遥控操作型机器人就制作完成了。

3.5 小 结

简易操作型机器人的制作并不难，而且方式多种多样，没有太高的技术门槛。我们可以购买市售的学习套件，也可以使用拆机件及家里的塑料盒，还可以使用冰棍杆。

3.4节提到过，利用开源硬件制作遥控操作型机器人。为此，下一章主要讲解开源硬件的相关知识。

第4章 可编程轮式机器人底盘

本章的主要内容是，基于国产的掌控板硬件，介绍如何利用开源硬件控制轮式机器人底盘。

4.1 直流电机控制

4.1.1 掌控扩展板

电机的工作电流比较大，因此直流电机控制需要使用带电机驱动器的掌控扩展板，如图4.1所示。

图4.1 带电机驱动器的掌控扩展板

> **说 明**
>
> 使用掌控板金手指上的20个I/O，基本都需要扩展板。不过要注意，有的扩展板不带电机驱动器。

这款扩展板的一侧有20个三芯传感器接口，另一侧有两个直流电机接口。掌控板金手指的引脚功能说明见表4.1。

表4.1 掌控板金手指的引脚功能说明

引脚	类型	功能说明
P0	I/O	模拟/数字输入，模拟/数字输出，TouchPad
P1	I/O	模拟/数字输入，模拟/数字输出，TouchPad
P2	I	模拟/数字输入
P3	I	模拟/数字输入，接掌控板EXT鳄鱼夹，可接阻性传感器
P4	I	模拟输入/数字输入，接掌控板光线传感器
P5	I/O	数字输入，模拟/数字输出，接掌控板按键A，NeoPixel
P6	I/O	数字输入，模拟/数字输出，接掌控板蜂鸣器（不使用蜂鸣器时可作为数字I/O使用），NeoPixel
P7	I/O	数字输入，模拟/数字输出，接掌控板全彩LED
P8	I/O	数字输入，模拟/数字输出，NeoPixel
P9	I/O	数字输入，模拟/数字输出，NeoPixel
P10	I	模拟/数字输入，接掌控板声音传感器
P11	I/O	数字输入，模拟/数字输出，接掌控板按键B，NeoPixel
P12	I/O	数字输入，模拟/数字输出
P13	I/O	数字输入，模拟/数字输出，NeoPixel
P14	I/O	数字输入，模拟/数字输出，NeoPixel
P15	I/O	数字输入，模拟/数字输出，NeoPixel
P16	I/O	数字输入，模拟/数字输出，NeoPixel
3V3	POWER	电源正输入：接USB时，掌控板内部稳压输出3.3V；未接USB时，可输入2.7～3.6V电压为掌控板供电
P19	I/O	数字输入，模拟/数字输出，I^{2}C总线SCL，与内部OLED和加速度传感器共享I^{2}C总线，NeoPixel
P20	I/O	数字输入，模拟/数字输出，I^{2}C总线SDA，与内部OLED和加速度传感器共享I^{2}C总线，NeoPixel
GND	GND	电源GND
P23	I/O	TouchPad，对应掌控板正面的Touch_P
P24	I/O	TouchPad，对应掌控板正面的Touch_Y
P25	I/O	TouchPad，对应掌控板正面的Touch_T
P26	I/O	TouchPad，对应掌控板正面的Touch_H
P27	I/O	TouchPad，对应掌控板正面的Touch_O
P28	I/O	TouchPad，对应掌控板正面的Touch_N

扩展板采用两个L9110电机驱动芯片。L9110是为电机驱动设计的双通道推挽式功率放大器，提供两路TTL/CMOS兼容电平输入，具有良好的抗干扰性；两路输出具有800mA持续电流、1.5A峰值电流的驱动能力，能直接驱动电机正反转。同时，该芯片还具有较低的输出饱和压降；内置钳位二极管能释放感性负载的反向冲击电流，可提高继电器、直流电机、步进电机或功率管驱动的安全性。

L9110的引脚配置如图4.2所示，引脚功能说明见表4.2，具体参数如下：

（1）静态工作电流：0.00～2.00μA。

（2）电源电压范围：2.5～12V。

（3）单通道输出能力：800mA连续电流。

（4）工作温度：–30～105℃。

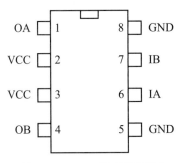

图4.2　L9110的引脚配置

表4.2　L9110的引脚功能说明

引脚编号	符　号	功能说明
1	OA	A路输出
2	VCC	电　源
3	VCC	电　源
4	OB	B路输出
5	GND	地
6	IA	A路输入
7	IB	B路输入
8	GND	地

第2章介绍过H桥电机驱动电路，L9110内部也是这样的电路，如图4.3所示。不过在图2.5所示的H桥驱动电路中，一旦Q_1和Q_2同时导通，或者Q_3和Q_4同时导通，就会造成电源短路。L9110中做了适当处理，我们可以这样理解：用一个引脚控制Q_1和Q_2，当Q_1导通时Q_2不导通，当Q_2导通时Q_1不导通；同时，用另一个引脚控制Q_3和Q_4，当Q_3导通时Q_4不导通，当Q_4导通时Q_3不导通。

在图4.3中，当IA输入高电平时，Q_1导通，Q_2在非门的作用下不导通，OA输出高电平；当IA输入低电平时，Q_2导通，Q_1不导通，OA输出低电平。同理，IB和OB的情况类似。

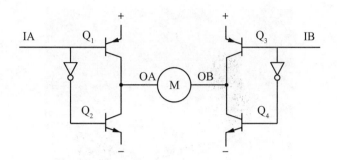

图4.3 L9110的内部电路

掌控扩展板的电机驱动器原理图如图4.4所示,两个L9110对应的电机驱动引脚分别为P13、P14和P15、P16。

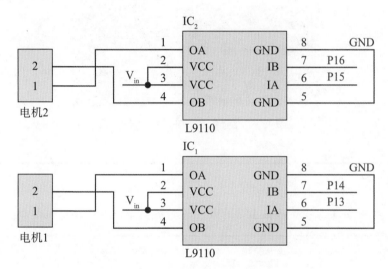

图4.4 掌控扩展板的电机驱动器原理图

4.1.2 直流电机控制实验

将掌控板插在掌控扩展板上,电机接电机2的位置,用电池盒供电,接线完成后如图4.5所示。

图4.5 直流电机控制接线效果图

> **注 意**
>
> 将掌控板插在掌控扩展板上的时候，掌控板显示屏要面向电机接口侧。

简单的电机控制可以直接在使用REPL时进行，电机2对应P15和P16，因此可以尝试让P15输出高电平、P16输出低电平。对应的操作如下：

```
>>>P15 = MPythonPin(15,PinMode.OUT)
>>>P16 = MPythonPin(16,PinMode.OUT)
>>>P15.write_digital(1)
>>>P16.write_digital(0)
>>>
```

引脚控制要使用mpython库中的MPythonPin类，针对要控制的引脚生成一个对象，如P15 = MPythonPin（15,PinMode.OUT）。构造函数中的第一个参数为要控制的引脚号；第二个参数为引脚模式，选项包括数字输入模式（PinMode.IN）、数字输出模式（PinMode.OUT）、PWM输出模式（PinMode.PWM）和模拟输入模式（PinMode.ANALOG）。

操作引脚时可使用如下方法：

（1）MPythonPin.read_digital()，用于返回引脚的电平值，1代表高电平，0代表低电平。

（2）MPythonPin.write_digital(value)，用于设置引脚输出电平，value为1时输出高电平，value为0时输出低电平。

（3）MPythonPin.read_analog()，用于读取引脚的模拟输入值。由于掌控板ADC是12位的，所以返回值为0～4095。

（4）MPythonPin.write_analog(duty)，用于设置引脚的PWM输出。

因此，上面的代码

```
>>>P15.write_digital(1)
>>>P16.write_digital(0)
```

表示P15输出高电平，P16输出低电平。希望电机反转时，操作如下：

```
>>>P15.write_digital(0)
>>>P16.write_digital(1)
>>>
```

为了更直观地观察P15、P16的变化，可以分别接一个LED模块，如图4.6所示。

图4.6　在扩展板的P15、P16位置分别接一个LED模块

> **注　意**
>
> （1）连接模块时一定要注意引脚顺序。
>
> （2）P15、P16都为高电平的时候，电机也是停止的，图4.6就是这种情况。

4.1.3　直流电机调速

利用掌控板的PWM输出可以实现直流电机调速，如将转速降低一半：

```
>>>P15 = MPythonPin(15,PinMode.PWM)
>>>P16 = MPythonPin(16,PinMode.PWM)
>>>P15.write_analog(0)
>>>P16.write_analog(512)
>>>
```

这里要注意，直流电机的转速实际上是P15.write_analog(0)和P16.write_analog(512)中参数的差值。在掌控板中，数值0～1023对应转速的0～100%（因为0～1023对应占空比0～100%）。可见，上述操作中的转速为512。如果将对应的两行代码改为

```
>>>P15.write_analog(100)
>>>P16.write_analog(512)
>>>
```

则转速就是412。而如果将代码改为

```
>>>P15.write_analog(712)
>>>P16.write_analog(512)
>>>
```

则转速就是-200（反正）。综上，正反转的最大转速为

```
>>>P15.write_analog(0)
>>>P16.write_analog(1023)
>>>
```

和

```
>>>P15.write_analog(1023)
>>>P16.write_analog(0)
>>>
```

4.2 舵机控制

4.2.1 SG90舵机

在第2章讲过，舵机的控制信号是高电平脉宽在0.5～2.5ms、低电平脉宽在5～20ms的脉冲。不过，掌控板的输出电压为3.3V，无法直接驱动2.4节介绍的标准舵机。要想通过掌控板直接控制舵机，可以选用型号为SG90的小舵机，其外形如图4.7所示。

图4.7 SG90型舵机的外形

SG90的工作扭矩为1.6kgf·cm，工作电压为3.3～6V，外形尺寸如图4.8所示。

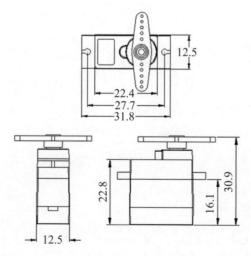

图4.8 SG90型舵机的外形尺寸（单位：mm）

4.2.2　Servo类

舵机控制要使用servo库中的Servo类，针对要控制的引脚生成一个对象。构造函数为

```
class Servo.Servo(pin,min_us = 750,max_us = 2250,actuation_range = 180)
```

参数说明见表4.3。

表4.3　Servo类的构造函数参数说明

参　　数	说　　明
pin	掌控板定义的引脚号，Servo控制引脚须支持PWM的引脚
min_us	设置控制信号最小脉宽（μs），默认min_us = 750
max_us	设置控制信号最大脉宽（μs），默认max_us = 2250
actuation_range	设置舵机的最大旋转角度，默认为180°

由于控制信号的高电平脉宽为0.5～2.5ms，这里设置参数min_us的值为500，参数max_us的值为2500。

这个对象可以使用类的方法来控制引脚。设置舵机旋转角度的方法有以下两种：

（1）Servo.write_us(width)，通过发送脉宽的值来设定舵机的角度，参数width即为脉宽（μm）。

（2）Servo.write_angle(angle)，直接发送角度值来设定舵机的角度，参数angle即为对应的角度值。

4.2.3　舵机控制实验

本小节的舵机控制还是在使用REPL时进行。先连接舵机和扩展板，如图4.9所示。

接线完成之后，对应的操作如下：

```
>>>from mpython import *
>>>from servo import Servo
>>>myServo = Servo(0,min_us = 500,max_us = 2500)
>>>myServo.write_angle(100)
>>>
```

图4.9 连接舵机和扩展板

这里设置舵机旋转100°，如果希望让舵机旋转30°，可以继续如下操作。

```
>>>myServo.write_angle(30)
>>>
```

4.3 底盘制作

了解如何利用掌控板控制直流电机以及舵机之后，我们来制作可编程轮式机器人的底盘。

4.3.1 电机支架的设计

设计底盘的第一步是设计一个电机支架，这里依然利用软件LaserMaker来完成。

电机支架采用图3.3给出的尺寸，设计过程可以参考3.4节的内容。

LaserMaker中有很多现成的图形可供使用，可以在界面的右侧点击下拉菜单进行选择，如图4.10所示。

下拉菜单中有常用图形、动物图形、机械结构、乐造模块、乐造母版等图形类别，这里选择"乐造母版"。这个分类下有很多成套的图形，我们选择"laserblock@掌控板V1"，将其拖拽到左侧的绘图区，就会出现很多零件的图形，如图4.11所示。

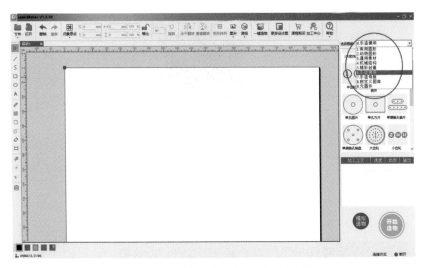

图4.10　在软件中选择现成的图形

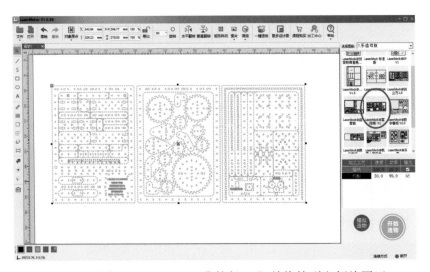

图4.11　选择"laserblock@掌控板V1"并拖拽到左侧绘图区

　　当前这些图形都处于选中状态，因此显示为橙色虚线。其中就包括两个电机支架，如图4.12所示。

　　如果只想加工电机支架，可以删掉其他图形，如图4.13所示。

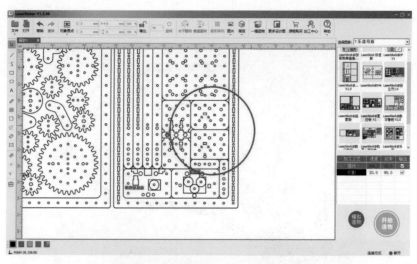

图4.12 找到图形中的电机支架

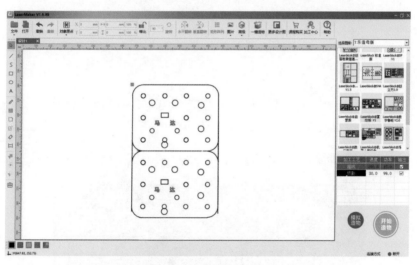

图4.13 只保留电机支架的图形

如果有其他需求，还可以在这个图形的基础上进行修改。这里笔者维持图形不变，加工得到的电机支架如图4.14所示。

图4.14 利用激光切割机加工得到的电机支架

将这个支架安装到电机上，如图4.15所示。

图4.15　将支架安装到电机上

4.3.2　底盘组装

有了带支架的电机，就可以进行底盘组装了。这里依然使用"laserblock@掌控板V1"中的零件，具体步骤如下。

（1）准备两个装好支架的电机（包括减速器），如图4.16所示。

图4.16　准备两个装好支架的电机

（2）用一个梁将两个电机支架连起来，如图4.17所示。

图4.17 用一个梁将两个电机支架连起来

（3）找一个长条木板，装上小万向轮，如图4.18所示。

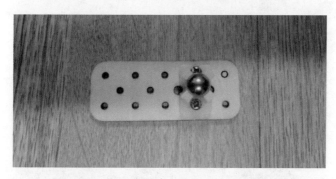

图4.18 找一个长条木板，装上小万向轮

（4）将万向轮部分和电机部分连起来，如图4.19所示。

图4.19 将万向轮部分和电机部分连起来

此时，将组装好的部分翻过来，让小万向轮朝下，如图4.20所示。

图4.20　组装好的机器人移动底盘

（5）如图4.21所示，在两个电机的上面再用一个梁加固连接。

图4.21　在两个电机上面再用一个梁加固连接

这样，简易底盘就算制作完成了。

4.4　轮式机器人的移动

4.4.1　控制板的连接

底盘组装完成后，接下来就要考虑掌控扩展板的安装了。之后还要插上掌控板，并且将直流电机和电池盒连接到扩展板。接线完成后如图4.22所示。

图4.22 安装掌控板后的机器人移动底盘

这里,掌控扩展板和上方的梁之间还增加了一个齿轮造型的圆木板,电池盒通过皮筋装在了圆木板的下方。如果万向轮朝前,则机器人移动底盘上左侧的电机连接到掌控扩展板的"电机1"接口,右侧的电机连接到掌控扩展板的"电机2"接口。

组装完成后,我们先编写程序实现小车向前移动1s。对应的代码如下:

```
from mpython import *

#控制电机1前进后退的引脚
m1farword = MPythonPin(13,PinMode.PWM)
m1back = MPythonPin(14,PinMode.PWM)

#控制电机2前进后退的引脚
m2farword = MPythonPin(15,PinMode.PWM)
m2back = MPythonPin(16,PinMode.PWM)

m1farword.write_analog(600)
m1back.write_analog(0)
m2farword.write_analog(600)
m2back.write_analog(0)

sleep(1)

m1farword.write_analog(0)
m1back.write_analog(0)
m2farword.write_analog(0)
m2back.write_analog(0)
```

> **说　明**
>
> （1）这段代码是要脱离计算机运行的，所以不能在REPL状态下输入。
>
> （2）如果轮子转动方向与程序设定相反，可调整连接直流电机的接头。
>
> （3）在有负载的情况下，电机需要更大的启动电压。这里，笔者设置write_analog()的参数为600，如果输入这个参数后电机不转，可以适当设置大一些。

4.4.2　简单的移动

确认能够驱动电机之后，我们测试一下轮式机器人前后左右移动的效果。编写代码实现先前进1s、原地左转0.5s、再前进1s、原地右转0.5s，最后后退1s，停止5s后再次执行之前的动作。对应的代码如下：

```python
from mpython import *

#控制电机1前进后退的引脚
m1farword = MPythonPin(13,PinMode.PWM)
m1back = MPythonPin(14,PinMode.PWM)

#控制电机2前进后退的引脚
m2farword = MPythonPin(15,PinMode.PWM)
m2back = MPythonPin(16,PinMode.PWM)

while True:
  #前进1s
  m1farword.write_analog(600)
  m1back.write_analog(0)
  m2farword.write_analog(600)
  m2back.write_analog(0)

  sleep(1)

  #左转0.5s
  m1farword.write_analog(0)
  m1back.write_analog(600)
  m2farword.write_analog(600)
  m2back.write_analog(0)

  sleep(0.5)
```

```
#前进1s
m1farword.write_analog(600)
m1back.write_analog(0)
m2farword.write_analog(600)
m2back.write_analog(0)

sleep(1)

#右转0.5s
m1farword.write_analog(600)
m1back.write_analog(0)
m2farword.write_analog(0)
m2back.write_analog(600)

sleep(0.5)

#后退1s
m1farword.write_analog(0)
m1back.write_analog(600)
m2farword.write_analog(0)
m2back.write_analog(600)

sleep(1)

#停止5s
m1farword.write_analog(0)
m1back.write_analog(0)
m2farword.write_analog(0)
m2back.write_analog(0)

sleep(5)
```

可见，让轮式机器人左转，实际上是控制左轮向后转、右轮向前转。类似的，轮式机器人右转时就是右轮向后转、左轮向前转。

4.4.3 添加表情

掌控板正面有一个显示屏，接下来我们为机器人移动底盘添加一个表情，实现功能：底盘前进1s，显示的表情为Eyes文件夹下的Awake.pbm，如图4.23所示；之后停止2s，显示的表情为Eyes文件夹下的Tired middle.pbm，如图4.24所示；接着再前进1s、停止2s，不断重复。

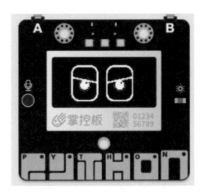

图4.23　Eyes文件夹下的Awake.pbm表情

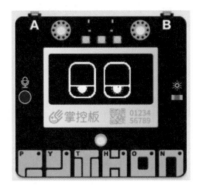

图4.24　Eyes文件夹下的Tired middle.pbm表情

实现显示表情的代码如下：

```
from mpython import *

pic = Image()

#控制电机1前进后退的引脚
m1farword = MPythonPin(13,PinMode.PWM)
m1back = MPythonPin(14,PinMode.PWM)

#控制电机2前进后退的引脚
m2farword = MPythonPin(15,PinMode.PWM)
m2back = MPythonPin(16,PinMode.PWM)

while True:
  #前进1s
  m1farword.write_analog(600)
  m1back.write_analog(0)
  m2farword.write_analog(600)
  m2back.write_analog(0)
```

```
oled.blit(pic.load('face/Eyes/Awake.pbm',0),20,0)
oled.show()

sleep(1)

#停止2s
m1farword.write_analog(0)
m1back.write_analog(0)
m2farword.write_analog(0)
m2back.write_analog(0)

oled.blit(pic.load('face/Eyes/Tired middle.pbm',0),20,0)
oled.show()

sleep(2)
```

在OLED显示屏上显示图像要使用对象oled的方法blit（bitmap，x，y），其中参数bitmap为图像文件所在的位置，x、y为图像显示的位置。

另外，要想让显示生效，应使用方法oled.show()。

4.5 小 结

通过本章，我们完成了一个基本的轮式机器人底盘，并通过掌控板实现了对底盘的控制。但是现在这个底盘只能完成固定的动作，按照计划好的路线行走，这显然不是我们想要的自律型机器人。自律型机器人必须具有感知环境的传感器，并依据传感器的返回值控制自身的移动，我们称这个过程为机器人的行为。下一章，我们将介绍一些常用的传感器。

第5章　感知周围的环境

根据第1章所述，自律型移动机器人可以简单理解为一种以智能方式将感知和动作连接在一起的可自移动设备。自律型移动机器人首先要感知周围的环境，然后对这些感知信息做简单或复杂的处理，最后执行相应的动作。

通过上一章，我们知道了如何控制机器人移动底盘的移动。为了更加有效地为机器人编程，我们有必要了解常用的传感器，通过这些传感器来看看机器人"眼中"的世界是什么样的。

人类能够轻易分辨出箱子、椅子、墙壁等事物，知道自己的状态是站着的，还是坐着的。然而，机器人对所有事物的感知都来自传感器输出电压的变化。我们编程的时候，必须按照机器人对世界的理解来观察这个世界。

5.1　红外避障传感器

5.1.1　器件介绍

红外避障传感器是一种集发射与接收于一体的光电开关传感器，发射元件为红外线LED，接收元件为光电二极管或光电晶体管，探测距离可以根据需要调节。传感器输出的是开关信号，笔者使用的红外避障传感器如图5.1所示，探测距离为3～80cm，无障碍物时输出低电平，传感器背面指示灯亮；有障碍物时输出高电平，传感器背面指示灯灭。

图5.1　红外避障传感器

5.1.2 使用说明

红外避障传感器可以通过连接线直接连接到掌控扩展板，这里将传感器连接到掌控板的P0引脚。连接的时候要注意引脚顺序。

完成硬件接线后，我们可以编写一段代码看看控制板如何获取红外避障传感器的状态。这里实现的功能是在掌控板显示屏上不断显示传感器的状态，当传感器前方无障碍物时在显示屏的下一行输出"python"。操作代码如下：

```
from mpython import *

P0 = MPythonPin(0,PinMode.IN)

while True:
  oled.fill(0)

  oled.DispChar(str(P0.read_digital()),0,0)

  if P0.read_digital()== 0:
    oled.DispChar("python",0,20)

  oled.show()
```

运行效果如图5.2所示。

图5.2 使用红外避障传感器的程序运行效果

5.2　红外测距传感器

5.2.1　器件介绍

笔者使用的红外测距传感器是夏普GP2Y0A21，外观如图5.3所示。该传感器输出一个模拟量表示前方物体到传感器的距离，输出电压和探测距离成反比例。红外测距传感器的特点是，它返回的是具体的距离值，而不是简单地判断是否有障碍物的二值信号。

红外测距传感器的工作原理基于三角测距法，不依赖反射光线的强度。同红外避障传感器相比，这种传感器不易受物体颜色的影响。图5.4显示了红外测距传感器的工作原理。

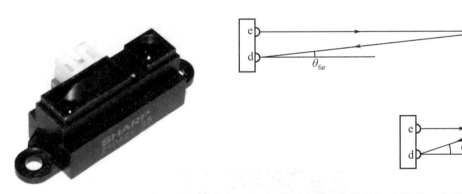

图5.3　红外测距传感器　　　　　图5.4　红外测距传感器的工作原理

红外测距传感器工作时，发射器e发射的红外线在被测物体上投影成一个光斑，接收器d通过透镜系统观察该光斑，并在其内部的光电检测单元上形成图像。这种光电检测单元对光斑图像的位置，即相应的角度θ相当敏感。根据角度θ的大小可以计算出被测物体的实际距离。图5.4上半部分θ_{far}比较小，说明传感器与物体之间的距离较远；下半部分θ_{near}比较大，说明传感器与物体之间的距离较近。使用红外测距传感器时要注意，物体太近或太远时，传感器输出结果的可靠性都会大大降低。

5.2.2　性能指标

GP2Y0A21的性能指标如下：

（1）探测距离：10～80cm。

（2）探测角度：15°左右。

（3）工作电压：3.3～5.5V。

（4）标准电流：30mA。

（5）输出：模拟量，输出电压和距离成反比。

（6）接口定义：如图5.5所示，将接口面向自己，3个引脚从左至右分别为信号V_O、地GND和电源V_{CC}。

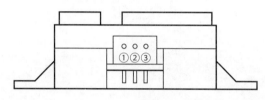

引 脚	功能说明
①	V_O
②	GND
③	V_{CC}

图5.5 GP2Y0A21的引脚定义

5.2.3 使用说明

红外测距传感器也可以直接连接到掌控扩展板，这里依然将传感器连接到掌控板的P0引脚。注意，输出模拟量的传感器必须连接到掌控板的模拟输入引脚。

完成硬件接线后，我们编写一段代码来获取传感器到前方物体的距离。通过阅读传感器的数据手册发现，传感器输出电压与距离的倒数在10～80cm内基本上呈线性关系，如图5.6所示。

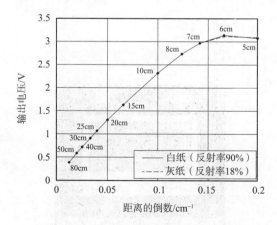

图5.6 输出电压与距离的倒数的关系

距离与AD采样值之间的关系大致可用下式表示：

$$D = \frac{40722}{V_{AD} - 18} - 4$$

式中，D为传感器到前方物体的距离；V_{AD}为掌控板的AD采样值。使用红外测距传感器基于该式测距的代码如下：

```python
from mpython import *

P0 = MPythonPin(0,PinMode.ANALOG)

while True:
  oled.fill(0)

  value = P0.read_analog()
  oled.DispChar(str(value),0,0)

  if value > 18:
    value = 40722.0/(value - 18) -4
    oled.DispChar(str(value),0,20)

  oled.show()
```

这段代码实现的功能依然是将信息显示在掌控板显示屏上，其中使用一个if语句来排除采集的模拟量值小于18的情况，因为由公式可知$V_{AD}-18$的值必须是大于0的。

程序运行效果如图5.7所示，显示内容依然分两行，第一行为传感器输出模拟量值，第二行为换算后的距离值。

测试传感器时，请注意传感器与障碍物的距离值小于9cm时的数值变化。

图5.7　使用红外测距传感器测距的代码运行效果

5.3　巡线传感器

5.3.1　器件介绍

巡线传感器可以理解成一种近距离的、小巧的红外避障传感器，如图5.8所示。它也集发射与接收于一体，但探测距离非常短且不可调节，检测到物体在探测距离以内时输出高电平，且指示灯亮；否则输出低电平，指示灯灭。

这种近距离红外避障传感器之所以被用于巡线，是因为在距离相同的情况下，深色物体对红外线的反射弱，而浅色物体对红外线的反射强。我们可以用它检测黑色地面上的白线，或者白色地面上的黑线。另外，还可以把它当做防跌落传感器使用。

图5.8　巡线传感器

说　明

如果不考虑尺寸，也可以直接将红外避障传感器用于巡线。

5.3.2　使用说明

传感器可以使用附带的连接线连接到舵机扩展板上。一般在具体应用中都要使用3～5个巡线传感器来确定机器人是否沿着标识的线路在移动。巡线传感器的应用与红外避障传感器类似，我们可以按照5.1节的内容来验证巡线传感器的好坏。

多个巡线传感器的应用我们会在后面的章节中介绍。

5.4　超声波测距传感器

超声波测距传感器基于声纳原理设计，通过监测发射一连串调制后的超声波及其回波的时间差来得知传感器与目标物体间的距离。本书会介绍两种超声波测距传感器，一种是功能较完善的DFRobot的URM37 V3.2，另一种是简化的常用的HC-SR04。

图5.9　超声波测距传感器URM37 V3.2

URM37 V3.2自带温度补偿功能，可辅助校正距离值，从而获得更稳定、更准确的数据。该传感器支持三种输出方式（PWM、RS232或TTL），兼容大部分控制设备及系统应用。此外，还提供了一个舵机输出接口，可以直接与舵机搭配应用实现障碍扫描。URM37 V3.2的外观如图5.9所示。

5.4.1　URM37 V3.2

超声波测距传感器URM37 V3.2的性能指标如下：

（1）工作电源：+5V。

（2）工作电流：<20mA。

（3）工作温度：−10 ～ +70℃。

（4）最大测量距离：500cm。

（5）最小测量距离：4cm。

（6）分辨率：1cm。

（7）误差：1%。

（8）支持RS232通信，可以通过计算机串口采集数据、编写通信程序。

（9）支持以脉宽输出的方式输出测量数据。

（10）支持预先设定比较值，以开关量输出测距结果。

（11）支持舵机控制功能。

（12）内置温度补偿电路。

（13）内置253Byte内部EEPROM。

（14）可通过通信引脚输出12位精度的环境温度数据。

（15）输出方式：PWM、RS232、TTL。

（16）测量角度：如图5.10所示。

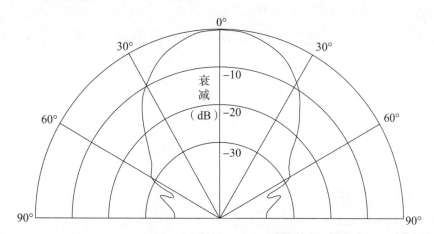

图5.10 超声波模块测量角度

URM37 V3.2的引脚定义见表5.1。

表5.1 URM37 V3.2的引脚定义

序　号	引脚定义	说　明
1	VCC	电源+5V输入
2	GND	电源地线
3	nRST	模块复位，低电平有效
4	PWM	测量距离数据以PWM方式输出0～25000μs，每50μs代表1cm
5	MOTO	舵机控制信号输出
6	COMP/TRIG	COMP：比较模式开关量输出，测量距离小于设置比较距离时输出低电平 TRIG：PWM模式触发脉冲输入
7	NC	未用
8	RXD	异步通信模块接收数据，RS232电平或TTL电平
9	TXD	异步通信模块发送数据，RS232电平或TTL电平

RXD和TXD引脚组成的RS232或TTL电平接口是模块的基本接口，默认硬件设置为RS232接口。如果要使用TTL电平接口，可以在模块的背面进行跳线设置，如图5.11所示。

通过串行通信获取URM37 V3.2的测量距离值，需遵守如下的通信协议格式：

图5.11 设置模块接口类型

发送：0x22 + Degree + NC + SUM
返回：0x22 + High(distance) + Low(distance) + SUM

在发送给传感器的报文中，0x22为数据头；Degree为舵机角度（URM37 V3.2能够通过MOTO引脚控制舵机旋转到Degree角度，这里没有连接舵机，将数据当做NC处理）；NC表示未使用，可以是任意数据；SUM为前3个数的加和校验。

在传感器返回的数据中，0x22为数据头；High(distance)和Low(distance)为距离的高8位和低8位；SUM为前3个数的加和校验。

5.4.2　HC-SR04

图5.12　超声波传感器HC-SR04

URM37 V3.2除了以串行数据输出测量距离值，还能以PWM方式输出距离值，而简化的HC-SR04只有PWM输出方式。HC-SR04的性能指标与URM37 V3.2差不多，不过其最大测量距离为400cm，外观如图5.12所示。

HC-SR04只有四个引脚，分别是电源、地、Trig和Echo。其中，Trig为触发引脚，Echo为反馈引脚。该传感器的工作流程是，先通过Trig引脚上的触发信号启动测距工作（否则它是不会发射超声波的，据此可利用多个超声波传感器针对不同方向测距），然后发送、接收超声波，最后通过Echo引脚以脉冲的形式返回测量距离值。

图4.1所示的掌控扩展板上有一个专门的HC-SR04接口，就在20个扩展三芯接口与掌控板插槽之间。将超声波传感器连接到扩展板的效果如图5.13所示。

连接时要注意电源和地的插针。HC-SR04接口占用掌控板的P8和P9引脚，其中P8引脚对应Trig，而P9引脚对应Echo。

完成硬件接线后，可以编写一段代码看看掌控板如何获取传感器信息。HC-SR04的触发信号是一个脉宽不小于10μs的高电平，而返回信号的高电平持续时间是超声波从发射到接收的时间，因此对应前方物体的距离为

前方物体的距离 = 高电平持续时间 × 340m/s ÷ 2

图5.13 将超声波传感器接到扩展板上

说　明

　　340m/s是声音在15℃空气中的传播速度。通常，声音在固体中的传播速度＞在液体中的传播速度＞在气体中的传播速度。例如，声音在25℃蒸馏水中的传播速度为1497m/s，而在冰中的传播速度为3230m/s。

　　一般将大于340m/s的速度称为超音速，小于340m/s的速度称为亚音速，而大于5倍音速的速度称为高超音速。

　　注意，超声波是频率超过人耳听力范围的声音，只是频率较高，但其传播速度和普通声音是一样的。

　　上式中时间的单位是秒（s），距离的单位是米（m）。而程序中时间单位是微秒（μs），且我们想要的距离的单位是厘米（cm）。因此，有必要进行单位统一。如果距离用D表示，时间用T表示，则对应的公式为

$$D = T \times \frac{34000\,\text{cm}}{1000000\,\mu\text{s}} \div 2 = T \times 0.017$$

由此，计算并显示距离的对应代码如下，这里还是在掌控板显示屏上不断显示测量距离。

```
import machine
from mpython import *

#设置反馈超时时间，由于HC-SR04最大测量距离为400，所以大于400/0.017就算超时
echoTimeout = 23530

trigPin = MPythonPin(8,PinMode.OUT)
echoPin = MPythonPin(9,PinMode.IN)

while True:
  trigPin.write_digital(1)
  sleep_us(10)
  trigPin.write_digital(0)

  pulseTime = machine.time_pulse_us(Pin(echoPin.id),1,echoTimeout)

  if pulseTime > 0:
    oled.fill(0)
    oled.DispChar(str(pulseTime*0.017) + "cm",0,0)
    oled.show()
  sleep(0.1)
```

运行程序，显示屏的第一行就会显示超声波传感器测量到的距离。

5.4.3　使用说明

在实际应用中，测距传感器可测量的最大距离和最小距离是多少才能够满足系统需求？这在很大程度上取决于传感器数据的用途。如果测距传感器仅用于机器人避障，那么它能够检测到的最大距离可以确定为机器人的制动距离与安全冗余距离之和。制动距离指的是机器人确定自己应该停下来后仍会向前移动的那段距离，这是物理惯性以及传感器的反应时间所造成的。

假设机器人的最大移动速度为v_m，且具有恒定的最大负向加速度α，根据牛顿运动定律：

$$t = \frac{v_\text{m}}{\alpha}$$

式中，t为机器人从v_m减速到0所需的时间。那么，机器人在停止过程中的移动距离s为

$$s = \frac{\alpha t^2}{2}$$

假设机器人按照某个速度前进，如2m/s，机器人制动停止的加速度为重力加速度g，那么机器人完全停止所需的时间（s）可按下式计算：

$$t = \frac{v_m}{\alpha} = \frac{2}{9.8} = 0.204 \text{（s）}$$

即机器人需要约1/5s的时间才能停下来。在这段时间里，机器人的移动距离为

$$s = \frac{\alpha t^2}{2} = \frac{9.8 \times 0.204^2}{2} = 0.2039 \text{（m）}$$

机器人会在前进到20.39cm时停下来。如果机器人的加速度小一些，这个制动距离会更大。其实，如果测距传感器的用途只是避开障碍物，那完全可以采用返回二值信号的传感器。

5.5　环境光和声音传感器

距离测量传感器就介绍到这里了，接下来介绍两款检测环境物理信息的传感器——环境光传感器和声音传感器。

5.5.1　环境光传感器

环境光传感器是一个基于光敏电阻的小模块，如图5.14所示。光线越强，光敏电阻的阻值越小；反之，阻值越大。掌控板通过测量光敏电阻两端的电压，就可以知道当前的光照强度。

环境光传感器的接线方法与红外测距传感器相同，这里依然将传感器连接到掌控板的P0引脚。

编写代码获取环境光强度，在显示屏中

图5.14　环境光传感器

显示出来，数值范围为0～4095，光线越强，显示值越小；光线越暗，显示值越大。操作代码如下：

```
from mpython import *

P0 = MPythonPin(0,PinMode.ANALOG)

while True:
  oled.fill(0)

  value = P0.read_analog()
  oled.DispChar(str(value),0,0)

  oled.show()
```

5.5.2　声音传感器

声音传感器能够检测周围环境中的声音强度。本书使用DFRobot的MIC声音传感器，如图5.15所示。它具有100倍的放大器，输出可使用3.3V和5V作为AD采样基准电压。但要注意，为了不受噪声影响，声音必须大于40分贝才能被检测到。

图5.15　声音传感器

声音传感器的接口与环境光传感器一样，如果连接到掌控板的P0引脚，那么也可以通过上一小节的程序来测试。

5.6 加速度传感器

5.6.1 三轴加速度计MSA300

加速度传感器是一种能够测量加速度的电子传感器。通过测量重力引起的加速度，可以计算出设备相对于水平面的倾斜角度，分析设备移动的方式。使用加速度传感器可以帮助机器人了解它现在的环境，是在上坡还是在下坡，是否摔倒了……加速度传感器在飞行类机器人的姿态控制中也起着至关重要的作用。

目前，游戏机、手机等电子设备中都加入了加速度传感器。掌控板也集成了一个三轴加速度计MSA300，其测量范围为 $\pm 2g/\pm 4g/\pm 8g/\pm 16g$，默认为 $\pm 2g$。

5.6.2 使用说明

掌控板的3个轴向如图5.16所示，指向金手指的方向为x轴正方向，指向麦克风的方向为y轴正方向，垂直向上的方向为z轴正方向。

图5.16 掌控板的3个轴向

下面是在OLED显示屏上以数字的形式显示3个轴向的加速度值的代码。这里利用accelerometer对象的方法get_x()、get_y()和get_z()获取3个轴向的加速度值。显示方面由于整个显示屏的高度是64，所以三个数据显示位置分别为（0，0）、（0，20）和（0，40）。

```
from mpython import *
```

```
while True:
    oled.fill(0)
    oled.DispChar("x",0,0)
    oled.DispChar("y",0,20)
    oled.DispChar("z",0,40)

    oled.DispChar(str(accelerometer.get_x()),20,0)
    oled.DispChar(str(accelerometer.get_y()),20,20)
    oled.DispChar(str(accelerometer.get_z()),20,40)
    oled.show()
```

代码运行后，掌控板上就会显示图5.17所示的内容。

图5.17　在掌控板上显示3个轴向的加速度值

图5.17中的掌控板是显示屏向上平放在桌面上的，这里能看到z轴值是−1，即重力加速度是在z轴负方向上。

如此，晃动掌控板的时候就能看到这3个值在变化，这是运动加速度与重力加速度在3个轴向上的分量加和。如果掌控板静止于一个状态，则对应的值就只是重力加速度在3个轴向上的分量。

5.7　传感器认证

粉尘、污垢、振动以及老化都会对传感器产生不利的影响。为了使系统可靠性尽可能高，机器人应该避免依赖任何一种有可能不按照设定方式工作的传感器。一旦传感器出现误报，机器人就可能做出不正确的响应，甚至有可能无法继续完成自己的任务。

简单的传感器认证可以采用再次确认的方式，假设机器人开启时传感器报告有障碍物存在，随着机器人的移动或时间的推移，如果传感器报告障碍物消失了，就可以简单推断刚才的信号有误；但是，如果传感器依然报告有障碍物存在，则不能认为传感器是正常的。举例来说，红外避障传感器工作时发射的是经调制的红外线束，当相应的接收器检测到从物体反射回来的红外线时，传感器就会报告障碍物存在。然而，这种接收器的灵敏度相当高，以至于接收器经常能够直接检测到发射器发出的红外线。而实际上，这种光线还没有到达障碍物，没有经过任何反射过程。而且，发射孔上的划痕也会将部分光线散射向接收器。此外，如果微小的碎片黏在机器人上靠近发射器的位置，也会发生上述情况。此时，无论实际环境如何，传感器都将报告障碍物存在。

较好的传感器认证方式是构建传感器管理行为：实际传感器为该行为提供输入，只有当传感器功能得到证实以后，该行为才会为其他行为提供有效信号。

大多数情况下，业余爱好者开发的机器人完全没有必要实现传感器认证。当然，如果开发目的是将机器人作为一种商业产品，那么传感器认证就是必需的了。

5.8 小　结

自律型移动机器人之所以能够感知周围的环境，是因为有多种形式的传感器。本章介绍了几款常见的、基本的传感器，通过这些传感器，机器人就能够知道周围是否有障碍物，是否有阳光，是上坡还是下坡，能感知光线和声音。

除了这些，还有许多传感器有待我们发现和使用。通过适当的传感器，机器人还能够检测周围的空气、分析脚下的土壤、判断当前的气候等。

感知是自律型移动机器人赖以生存的基础，机器人所处的环境越复杂，对传感器的依赖越强。然而，并不是每一种传感器对机器人都有用，传感器的选择在很大程度上取决于机器人的功能以及它所处的环境。

第6章 轮式机器人的行为

第1章提到过,当机器人感知环境、决定自己应该做什么后,就会发送或改变输出的电信号控制相应的部件动作,我们称这个过程为行为。机器人就是通过不同的行为组合来完成任务的。本章,我们就来探讨轮式机器人的行为,大家可以直接使用本章提供的行为和函数,也可以将它们变更和组合后用于自己的机器人制作。

6.1 行为的分类

6.1.1 伺服行为和弹道式行为

行为通常分为两种:伺服行为和弹道式行为。一般来说,伺服行为采用反馈控制环,根据传感器的返回值不断调整动作;而弹道式行为一旦触发,就会按照预先设定好的顺序运行,就像射出的子弹沿着可计算的轨迹飞行一样。通常情况下,行为会永不停止地执行下去,以便实现某个目标或保持某种状态。

弹道式行为在某些场合是必需的,但使用时一定要加倍小心。弹道式行为的整体规划同实现的代码密切相关,因为执行时机器人极有可能会彻底失效。执行过程中的环境变化或者行为初始化过程中任何微小的错误,都会给机器人带来很大的麻烦。实现某一任务时最好先尝试利用伺服行为实现,实在不行再采用弹道式行为。伺服行为能够对环境的变化做出快速响应,不但具有良好的抗干扰能力,而且对工作过程中出现的其他微小故障也具有较强的容错性。

下面通过两段样例代码说明两种行为的区别。这个样例基于红外避障传感器,当轮式机器人检测到前方有物体时,要改变方向以避开障碍物。我们在第4章所述底盘的基础上添加一个红外避障传感器,装在底盘的正前方。

安装红外避障传感器需要支架,这里同样在"laserblock@掌控板V1"中选择一个零件。将红外避障传感器固定在支架上,如图6.1所示。

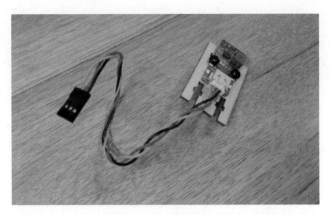

图6.1 传感器支架

然后，将带有支架的红外避障传感器安装在底盘的正前方。如图6.2所示，这里将传感器连接到掌控板的P0引脚。

图6.2 安装一个红外避障传感器

6.1.2 伺服行为样例

如果以伺服行为完成轮式机器人避障的功能，那么掌控板要不断通过红外避障传感器检测前方是否有障碍物。如果有障碍物，就控制轮式机器人转向，且在转向的过程中要不断获取红外避障传感器的状态，一旦返回值是前方没有障碍物，马上控制轮式机器人前进。对应的代码如下：

```
from mpython import *

pic = Image()
```

```
#控制电机1前进后退的引脚
m1farword = MPythonPin(13,PinMode.PWM)
m1back = MPythonPin(14,PinMode.PWM)

#控制电机2前进后退的引脚
m2farword = MPythonPin(15,PinMode.PWM)
m2back = MPythonPin(16,PinMode.PWM)

P0 = MPythonPin(0,PinMode.IN)

oled.blit(pic.load('face/Eyes/Awake.pbm',0),20,0)
oled.show()

#定义变量保存机器人的状态，0为前进，1为右转
state = 0

while True:
  if P0.read_digital()== 0:
    if state == 1:
      state = 0
      #前进
      m1farword.write_analog(600)
      m1back.write_analog(0)
      m2farword.write_analog(600)
      m2back.write_analog(0)

  else:
    if state == 0:
      state = 1
      #右转
      m1farword.write_analog(600)
      m1back.write_analog(0)
      m2farword.write_analog(0)
      m2back.write_analog(600)
```

　　在代码中不断检测红外避障传感器的状态，一旦检测到有障碍物，右轮就向后转，否则就向前转。另外，代码中还设定了一个变量state来保存机器人的状态，0为前进，1为右转。由于state的初始值为0，所以当机器人上电的时候是不会动的，只有遮挡一下红外避障传感器，机器人才会运动。

6.1.3 弹道式行为样例

弹道式行为一旦触发，机器人就会按照预先设定的一套动作顺序运行。如果以弹道式行为实现轮式机器人避障功能，那么当掌控板通过红外避障传感器检测到前方有障碍物时，就会按照一定的动作顺序控制轮式机器人转向，转向过程中不再获取红外避障传感器的状态；直到转向动作完成，再重新检测前方是否有障碍物，如果依然有障碍物，则再次执行转向动作，否则就控制轮式机器人前进。对应的代码如下：

```python
from mpython import *

pic = Image()

#控制电机1前进后退的引脚
m1farword = MPythonPin(13,PinMode.PWM)
m1back = MPythonPin(14,PinMode.PWM)

#控制电机2前进后退的引脚
m2farword = MPythonPin(15,PinMode.PWM)
m2back = MPythonPin(16,PinMode.PWM)

P0 = MPythonPin(0,PinMode.IN)

oled.blit(pic.load('face/Eyes/Awake.pbm',0),20,0)
oled.show()

#前进
m1farword.write_analog(600)
m1back.write_analog(0)
m2farword.write_analog(600)
m2back.write_analog(0)

while True:
  if P0.read_digital()== 1:
    #后退0.5s
    m1farword.write_analog(0)
    m1back.write_analog(600)
    m2farword.write_analog(0)
    m2back.write_analog(600)
```

```
sleep(0.5)

#原地右转0.5s
m1farword.write_analog(600)
m1back.write_analog(0)
#m2farword.write_analog(0)
#m2back.write_analog(600)

sleep(0.5)

#前进
#m1farword.write_analog(600)
#m1back.write_analog(0)
m2farword.write_analog(600)
m2back.write_analog(0)
```

根据代码，检测到障碍物时，轮式机器人先后退0.5s，然后原地右转0.5s，最后前进以避开障碍物。执行这一系列动作时，不再检测前方是否有障碍物，直到这一套动作执行完成，退出if语句。由后退动作变为原地右转动作时，由于动作变换后右轮依然是向后转，所以在实际的代码中可以省略该行代码，这里用#注释掉了。同样，可以注释掉由原地右转变为前进动作时操作左轮的指令。

通过样例我们发现，弹道式行为在避开障碍物的行为中始终转动相同的角度，不论障碍物的大小。如果障碍物很大，则会转动角度的N倍。伺服行为的实时性就要好一些，一旦检测到没有障碍物，就停止转向的行为。

了解了伺服行为和弹道式行为之后，下面具体分析一些典型的轮式机器人行为。

6.2　基于差分传感器的归航行为

6.1节的样例只使用一个传感器来判断前方有没有障碍物，有障碍物就控制轮式机器人向右转，以避开障碍物。但是，在轮式机器人运行的过程中，我们会发现有时候向左转避开障碍物的效率会更高一些。那么，谁来决定机器人向哪个方向转动？显然，单靠一个传感器是不够的，我们至少需要两个传感器

（一左一右）。在运动过程中，两个传感器检测到的信息一定会有先后、强弱、大小的区别，我们可以根据两个传感器之间的差分信号来决定机器人的转向。

6.2.1　寻光归航行为

在基于差分传感器的归航行为中，传感器直接面向机器人想要返回的位置时，应该比在其他情况下具有更强的信号。并且在理想情况下，随着传感器朝向和目标位置之间的夹角增大，传感器输出信号应该平稳衰减。

差分传感器在机器人上的安装方式必须保证：当调整机器人的方向使一个传感器的输出信号达到最大时，另一个传感器的输出信号应该随之衰减到最小。如图6.3所示，当左右两个传感器分别输出峰值信号时，机器人的朝向是完全不同的。当机器人轴线直接指向返回位置时，两个传感器之间的信号差值达到最小。

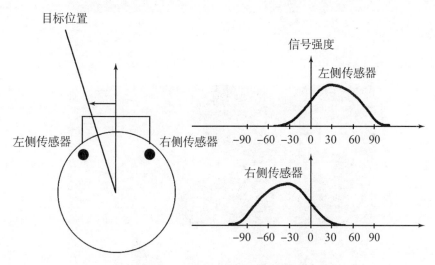

图6.3　差分传感器的信号强度

如果利用这种差值信号确定机器人的旋转方向，那么直接面对返回位置时，机器人不会旋转；当机器人轴向指向返回位置右侧时，机器人左转；当轴向指向返回位置左侧时，机器人右转。这就是驱动机器人对准返回位置的归航行为，任何能够满足这种要求的传感器及其信号源都可以用来实现归航行为系统。

　　下面通过环境光传感器实现一个寻光归航行为。在系统中，可见光源是一个很好的目标位置指示，采用环境光传感器能够比较可靠地检测出这种光源的位置。在远程控制系统中，也可采用红外光束，并由相应的红外接收器对其进行检测。

　　为了增加机器人前端安装传感器的位置，如图6.4所示，我们用一个长条和两个钝角弯条制作支架。

图6.4　制作传感器支架

将图6.4所示的支架装到机器人前端，如图6.5所示。

图6.5　将传感器支架装到机器人前端

　　然后，将两个环境光传感器安装在轮式机器人的前端，如图6.6所示。将传感器固定好，并分别接到掌控板的P1引脚（左侧传感器）和P2引脚（右侧传感器）。

图6.6 安装环境光传感器

实现寻光归航行为的代码如下：

```python
from mpython import *

pic = Image()

#控制电机1前进后退的引脚
m1farword = MPythonPin(13,PinMode.PWM)
m1back = MPythonPin(14,PinMode.PWM)

#控制电机2前进后退的引脚
m2farword = MPythonPin(15,PinMode.PWM)
m2back = MPythonPin(16,PinMode.PWM)

PL = MPythonPin(1,PinMode.ANALOG)
PR = MPythonPin(2,PinMode.ANALOG)

oled.blit(pic.load('face/Eyes/Awake.pbm',0),20,0)
oled.show()

while True:
  valueL = PL.read_analog()
  valueR = PR.read_analog()

  if valueL > valueR:
    m1farword.write_analog(600)
    m1back.write_analog(0)
    m2farword.write_analog(0)
    m2back.write_analog(0)
```

```
else:
  m1farword.write_analog(0)
  m1back.write_analog(0)
  m2farword.write_analog(600)
  m2back.write_analog(0)
```

为了比较清晰地表现行为的物理意义，这里没有为机器人分别计算左右两轮的转速，而仅仅是将机器人的整体运动分成左转和右转。由于光线越强，环境光传感器返回值越小，所以代码中判断左侧传感器返回值大于右侧传感器返回值，即左侧光强小于右侧光强时，轮式机器人右转；否则，轮式机器人左转。由于两侧光强平衡时机器人依然处于旋转状态，所以一定会打破平衡，从一种状态变为另一种状态（左转变为右转或右转变为左转）。这样，轮式机器人的左右轮就会轮流前进，最终实现归航行为。

6.2.2　其他归航行为

除了寻光归航行为，利用声音传感器还能实现寻找音源的归航行为。我们将声音传感器安装到轮式机器人底盘上，依然使用上一节中的接口和代码，就能很快实现一个寻声归航行为。

另外，基于归航行为还能实现红外目标跟踪行为（IR Beacon Following）。此时，目标位置点是一个向各个方向发射红外线的红外发射器，安装在机器人上的接收器为红外接近视觉传感器。为了有效地实现这个行为，需要合理布置每个传感器，使它们的输出随着接收器和发射器之间角度的增大而减小。

红外接收器传送的原始数据为1或0，分别表示检测到或没有检测到红外信号。然而事实证明，即使存在红外信号，传感器也经常检测不到。当发送器和接收器之间的夹角增大时，检测不到信号的情况会越来越严重（能够检测到信号的机会越来越少）。为了能够从传感器系统得到差分信号，可以让红外目标发送脉冲序列。然后，在机器人端通过红外接收器计量标准时间间隔内的接收脉冲数。例如，当红外接收器在某个距离之外直接面对发射器时，在一定的时间内，它有可能检测到发射器发射的所有脉冲；然而，当接收器和发射器之间有60°夹角时，在同样的时间内它有可能只检测到一半的脉冲。在每个时间间隔内，每个传感器都将接收到一定数量的脉冲信号。将脉冲数作为归航行为中变量valueL和valueR的值，就能实现红外目标的跟踪行为。

巡线行为（Line Following）可以作为一种差分归航行为实现。如图6.7所示，将两个巡线传感器安装到轮式机器人上。传感器的安装需要合理，保证它们能够比较准确地检测中间的黑色线条。

当左侧传感器检测到下面的黑色线条时，机器人左转；反之，机器人右转。通过不断转向，轮式机器人始终沿着黑线行走。用连接线将巡线传感器连接到掌控板的P1引脚（左侧巡线传感器）和P2引脚（右侧巡线传感器），如图6.8所示。

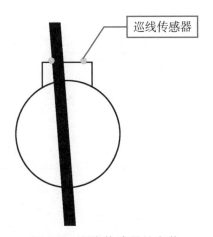

图6.7 巡线传感器的安装

图6.8 安装巡线传感器

参照上一节的代码，编写巡线行为的代码。当巡线传感器检测到黑色线条时输出高电平，返回值为1；反之，返回值为0。因此，仍然可以使用6.2.1节代码中的if语句。详细代码如下：

```
from mpython import *

pic = Image()

#控制电机1前进后退的引脚
m1farword = MPythonPin(13,PinMode.PWM)
m1back = MPythonPin(14,PinMode.PWM)

#控制电机2前进后退的引脚
m2farword = MPythonPin(15,PinMode.PWM)
m2back = MPythonPin(16,PinMode.PWM)

PL = MPythonPin(1,PinMode.IN)
PR = MPythonPin(2,PinMode.IN)
```

```
oled.blit(pic.load('face/Eyes/Awake.pbm',0),20,0)
oled.show()

while True:
  valueL = PL.read_digital()
  valueR = PR.read_digital()

  if valueL > valueR:
    m1farword.write_analog(600)
    m1back.write_analog(0)
    m2farword.write_analog(0)
    m2back.write_analog(0)
  else:
    m1farword.write_analog(0)
    m1back.write_analog(0)
    m2farword.write_analog(600)
    m2back.write_analog(0)
```

说　明

　　巡线传感器返回的是数字量，需要使用read_digital()函数获取I/O端口的值。

　　很明显，无论是哪种形式的归航行为，其目的都是控制机器人移动到某个目标位置。然而，如何确定机器人是否已经到达目标位置？这是另一个问题。在归航行为的代码中添加更加复杂的语句是解决该问题的一种方法，然而更常用也更有效的方法是另外实现一个行为，专门判断机器人是否已经到达目标位置。

6.3　基于整体状态的归航行为

6.3.1　行为描述

　　在基于行为的系统所能完成的任务中，往往只有局部信息可以使用。也正因为如此，很多人都以为基于行为的系统不能使用整体信息。其实不然，情况正好相反，这种系统比较容易包含某些整体信息。问题在于信息获取的代价，而不是信息利用的难易程度。

假如机器人能应用绝对定位系统，那么基于行为的系统也能够以比较简单的方式充分利用这种系统所提供的整体状态信息。很多商用定位系统都能提供设备整体的绝对位置信息，包括基于声纳信标或者光学信标的系统、单独使用激光扫描器的系统，乃至使用激光扫描器的同时在机器人工作环境中放置编码目标的系统。在众多定位系统中，众所周知的就是全球定位系统（GPS）。

考虑某个使用GPS的室外机器人（GPS只有在空中没有任何阻挡的环境中才能可靠工作）。GPS接收器能够持续接收专用卫星发送的时标同步信号，并据此计算机器人所处位置的经纬度信息。通过与目标位置经纬度相比较，就能够实现一个基于整体状态信息的归航行为。这里要注意，尽管GPS能为我们提供机器人的整体位置信息，但它不能提供有关机器人当前运行方向的任何直接可用的信息。对此，可以使用电子罗盘弥补这一不足，也可以通过运动中的经纬度变化来判断机器人的运动方向。

另外，爬坡行为（Hill Climbing）也可认为是一种基于整体状态的归航行为。采用加速度传感器能够得到机器人整体状态的倾角，为了方便计算，我们按照图6.9水平安装加速度传感器。在这种情况下，机器人的爬坡行为实际上就是在保证x轴加速度为0的前提下，让y轴加速度也趋近于0的运动行为。

在我们这个机器人移动底盘上，掌控板是竖直插在扩展板插槽中的，所以机器人爬坡行为实际上就是在保证y轴加速度为0的前提下，让z轴加速度也趋近于0的运动行为。

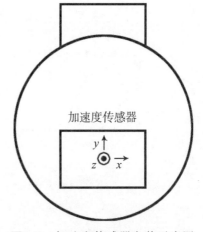

图6.9　加速度传感器安装示意图

6.3.2　行为实现

要实现这个爬坡行为，可以先实现保持y轴加速度为0的功能，代码如下：

```
from mpython import *

#控制电机1前进后退的引脚
```

```
m1farword = MPythonPin(13,PinMode.PWM)
m1back = MPythonPin(14,PinMode.PWM)

#控制电机2前进后退的引脚
m2farword = MPythonPin(15,PinMode.PWM)
m2back = MPythonPin(16,PinMode.PWM)

PL = MPythonPin(1,PinMode.IN)
PR = MPythonPin(2,PinMode.IN)

while True:
  oled.fill(0)
  oled.DispChar("x",0,0)
  oled.DispChar("y",0,20)
  oled.DispChar("z",0,40)

  vol_x = accelerometer.get_x()
  vol_y = accelerometer.get_y()
  vol_z = accelerometer.get_z()

  oled.DispChar(str(vol_x),20,0)
  oled.DispChar(str(vol_y),20,20)
  oled.DispChar(str(vol_z),20,40)
  oled.show()

  if vol_y > 0.15:
    m1farword.write_analog(0)
    m1back.write_analog(600)
    m2farword.write_analog(600)
    m2back.write_analog(0)
  elif vol_y < -0.15:
    m1farword.write_analog(600)
    m1back.write_analog(0)
    m2farword.write_analog(0)
    m2back.write_analog(600)
  else:
    m1farword.write_analog(0)
    m1back.write_analog(0)
    m2farword.write_analog(0)
    m2back.write_analog(0)
```

代码中，变量vol_y表示y轴加速度。当y轴加速度大于0.15g时（实际上应该是大于0时，0.15是我们设置的一个阈值，以避免轮式机器人频繁运动），

y轴矢量方向受到重力的影响，此时左侧比右侧高，轮式机器人需要原地左转来保证y轴加速度趋向0。反之，当y轴加速度小于$-0.15g$时，需要原地右转来保证y轴加速度趋向0。当y轴加速度处于$-0.15 \sim 0.15g$时，可认为轮式机器人在y轴方向上基本保持水平，此时机器人静止不动。

完成保持y轴加速度为0的功能后，接下来就要考虑机器人爬坡的问题了。这里利用的是z轴的加速度值，即z轴的倾角。通过与y轴类似的办法，我们就能知道y轴加速度为0时机器人整体状态是向下还是向上。这里，当z轴加速度值小于0时，机器人整体向上；当z轴加速度值大于0时，机器人整体向下。

我们在`if`语句中y轴加速度在$-0.15 \sim 0.15g$的条件下添加如下代码，实现轮式机器人向坡顶移动的行为。同样，设置z轴方向的阈值为0.15。

```
......
  if vol_z > 0.15:
    m1farword.write_analog(0)
    m1back.write_analog(600)
    m2farword.write_analog(0)
    m2back.write_analog(600)
  elif vol_z < -0.15:
    m1farword.write_analog(600)
    m1back.write_analog(0)
    m2farword.write_analog(600)
    m2back.write_analog(0)
  else:
    m1farword.write_analog(0)
    m1back.write_analog(0)
    m2farword.write_analog(0)
    m2back.write_analog(0)
......
```

当y轴加速度在$-0.15 \sim 0.15g$，同时机器人整体状态向下时，轮式机器人会后退着向坡上移动，这好像和我们想的爬坡行为有些出入。为了解决这个问题，可以考虑在机器人整体状态向下的条件语句中添加一段弹道式行为，原地旋转一定的角度：如果采用伺服行为，此时的机器人无论向哪个方向转向都会使x轴加速度偏离0值，就会被之前的条件语句纠正回之前的状态；只有通过弹道式行为使机器人原地旋转180°左右，再通过伺服行为纠正，才能够使机器人整体状态向上。

6.3.3　额外说明

代码中的阈值0.15是我们通过改变传感器的角度观察加速度值的变化情况后随意选取的，但是这个值对应的角度是多少？也就是说，在多大角度下我们的轮式机器人才开始爬坡？

这里假设y轴保持水平，x轴倾斜角度β，如图6.10所示。

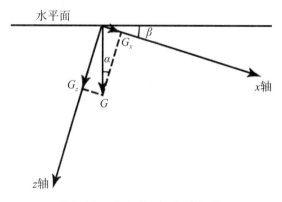

图6.10　G在x和z轴上的分量

此时，1g的重力加速度G就会分别映射到x轴和z轴（之前G与z轴重合）。我们将x轴的垂直分量称为G_x，z轴的垂直分量称为G_z。G、G_x以及连接两者的虚垂线构成一个直角三角形，由于G垂直于水平面，所以$\angle \alpha = \angle \beta$，下式成立：

$$\sin \beta = \frac{G_x}{G}$$

如果我们希望轮式机器人在 ± 30° 内都保持不动，那么根据公式可得：

$$G_x = G \times \sin 30° = 0.5g$$

阈值可以设置为0.5。现在的阈值是0.15，我们可以反推得到对应的角度：

$$\beta = \arcsin \left(\frac{G_x}{G} \right) = \arcsin(0.15) = 0.15056827277669$$

注意，计算结果为弧度值，我们要将它换算成角度值。弧度值和角度值的对应关系如下：

$$\pi = 180°$$

$$2\pi = 360°$$

β对应的角度值还需要在上面结果的基础上乘以$\dfrac{180°}{\pi}$：

$$\arcsin(0.15) \times \frac{180°}{\pi} = 8.6269265587° \approx 8.627°$$

可见，轮式机器人在 $\pm 8.627°$ 内是保持不动的。

6.4　基于差分传感器的避障行为

6.4.1　行为描述

避障行为能够使机器人避开障碍物，避免发生危险。6.1节中用来说明伺服行为和弹道式行为的例子就是一种避障行为，但它只用了一个传感器，不属于基于差分传感器的避障行为。实现基于差分传感器的避障行为需要安装两个传感器，如红外避障传感器、红外测距传感器，甚至是声纳测距仪。本节使用红外避障传感器。

我们为轮式机器人再添加一个红外避障传感器，将两个红外避障传感器分别固定在之前安装环境光传感器的位置。将左侧红外避障传感器连接到掌控板P1引脚，将右侧红外避障传感器连接到掌控板P2引脚，如图6.11所示。

图6.11　差分传感器的避障行为

6.4.2　行为实现

参考6.1.2节的例子，代码如下：

```python
from mpython import *

pic = Image()

#控制电机1前进后退的引脚
m1farword = MPythonPin(13,PinMode.PWM)
m1back = MPythonPin(14,PinMode.PWM)

#控制电机2前进后退的引脚
m2farword = MPythonPin(15,PinMode.PWM)
m2back = MPythonPin(16,PinMode.PWM)

PL = MPythonPin(1,PinMode.IN)
PR = MPythonPin(2,PinMode.IN)

oled.blit(pic.load('face/Eyes/Awake.pbm',0),20,0)
oled.show()

#定义变量保存机器人的状态，0为前进，1为左转，2为右转
state = 0

while True:
  if PL.read_digital()== 1:
    #左侧有障碍物
    if state != 2:
      state = 2
      #右转
      m1farword.write_analog(600)
      m1back.write_analog(0)
      m2farword.write_analog(0)
      m2back.write_analog(600)

  elif PR.read_digital()== 1:
    #右侧有障碍物
    if state != 1:
      state = 1
      #左转
      m1farword.write_analog(0)
      m1back.write_analog(600)
      m2farword.write_analog(600)
      m2back.write_analog(0)

  else:
```

```
if state != 0:
    state = 0
    #前进
    m1farword.write_analog(600)
    m1back.write_analog(0)
    m2farword.write_analog(600)
    m2back.write_analog(0)
```

当左侧传感器检测到障碍物时，机器人原地右转（左轮前进，右轮后退）；当右侧传感器检测到障碍物时，机器人原地左转，最后，若没有检测到障碍物，则机器人前进。当机器人所处环境中只有为数不多的凸面物体时，这种简单的行为能够可靠运行。如果运动中的机器人正在靠近位于自己右侧的某个物体，则原地左转以避开障碍物；如果正在靠近位于左侧的障碍物，则原地右转以避开障碍物。

但是，如果机器人所处环境中遍布障碍，或者有些障碍物的形状是非凸的，上述代码实现的行为就会出现错误。这种错误常发生在机器人遇到拐角或者箱形"峡谷"时，如图6.12所示。在这种情况下，机器人先检测到自己的左侧有障碍物，并开始右转；转向后感知到右侧有障碍物，就会左转，从而再次感知到左侧有障碍物……如此恶性循环，机器人被困于一个本该很容易摆脱的角落里。这种机器人无法脱离内部角落的现象被称为"峡谷效应"。

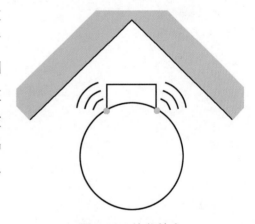

图6.12 峡谷效应

6.4.3 峡谷效应

我们可以采用一种简单的方式修正上一节的避障行为，即当机器人检测到两侧都有障碍物时后退，这样机器人就能从任何一个峡谷中退出来了。然而，这种做法只是将问题变换了一下表现形式，并没有从根本上加以改善。此时，机器人进入峡谷，检测到两侧同时都有障碍物则后退，直到检测不到任何物体。随后，机器人再次前进，又一次进入峡谷，检测到两侧的障碍物，再一次后退……这样，机器人又一次陷入了永无休止的重复循环。

那么，问题的本质是什么？通过上述分析会发现，避障行为之所以失效，是因为简单的伺服行为在上述状况下采取了互反性操作。对于特定环境，行为可能采取的每个动作都会使机器人同周围环境之间的相对位置关系发生变化，而这种变化又会导致机器人进行前一个动作的反向操作，这就是问题的原因所在。若想彻底解决问题，可以在伺服行为中避免这种互反性操作，或者在行为中增加某个状态并设计相应的弹道式行为。

6.4.4　消除峡谷效应

每次检测到障碍物，机器人都执行相同的操作，通过这种方式实现的避障行为能够保证机器人不受峡谷效应的影响。例如，将6.4.2节中的代码修改如下：

```
......
  if PL.read_digital()== 1:
    #左侧有障碍物
    if state != 2:
      state = 2
      #右转
      m1farword.write_analog(600)
      m1back.write_analog(0)
      m2farword.write_analog(0)
      m2back.write_analog(600)

  elif PR.read_digital()== 1:
    #右侧有障碍物
    if state != 1:
      state = 1
      m1farword.write_analog(600)
      m1back.write_analog(0)
      m2farword.write_analog(0)
      m2back.write_analog(600)
......
```

将右侧检测到障碍物时的动作也改为原地右转，或者这样改：

```
......
  if PL.read_digital()or PR.read_digital():
    #左侧或右侧有障碍物
    if state != 1:
      state = 1
```

```
#右转
m1farword.write_analog(600)
m1back.write_analog(0)
m2farword.write_analog(0)
m2back.write_analog(600)
```

......

这就是上一节提到的在伺服行为中避免互反性操作的避障行为，它很像6.1.2节的基于单个传感器的行为，简单可靠，而且永远不会发生峡谷效应表现的左右摆动现象。当然，这种方法同样有缺点。例如，当机器人在左侧稍微偏离正前方的方向检测到障碍物时，它本应该稍向右转就能够矫正自己的行进方向，然而执行上述行为的机器人仍要进行左转操作，最终导致自己的前进方向与期望方向完全相反。因此，尽管这种行为具有良好的鲁棒性，但机器人据此执行却有可能无法完成任务。

另一种消除峡谷行为的修正方法是添加状态变量，使用该状态变量记忆之前的动作，防止互反性操作。下面我们就来修正6.4.2节中的代码引起的峡谷效应，修正后机器人能够记住自己的决策动作，并在一定的时间内持续执行该动作。这种保护措施能够避免机器人发生峡谷效应。代码中添加了三个变量，一个记录之前动作的状态变量，两个记录时间的变量：

```
timeNow = time.time()
timeOld = timeNow
int actionLast = 'F';
```

在没有检测到障碍物的情况下，timeOld与timeNow一致，同时记录之前动作的状态变量actionLast值为'F'。

接着，在检测到障碍物的条件语句中添加状态判断的代码。以左侧检测到障碍物的代码为例：

```
......
if PL.read_digital()== 1:
   #左侧有障碍物,判断之前2s内的动作是不是右转
   if state != 2 and actionLast == 'L' and timeNow - timeOld < 2:
     state = 2
     #右转
     actionLast = 'L';
     timeOld = timeNow
```

```
    m1farword.write_analog(600)
    m1back.write_analog(0)
    m2farword.write_analog(0)
    m2back.write_analog(600)
else:
    state = 1
    #右转
    actionLast = 'R';
    timeOld = timeNow
    m1farword.write_analog(600)
    m1back.write_analog(0)
    m2farword.write_analog(0)
    m2back.write_analog(600)
......
```

当左侧检测到障碍物时，机器人本应该右转，但这里先判断之前2s内的动作是不是右转，即在满足条件timeNow-timeOld<2的情况下，actionLast的值是不是R。如果之前的行为是左转，则为了避免互反性操作，依然让机器人左转。

同样，也要对右侧检测到障碍物的代码进行修改，这里就不列出来了。状态的添加意味着行为复杂度的提高。修正后的行为能够在许多环境中避免机器人发生摆动现象，当机器人发现一侧有障碍物时开始转向，试图远离障碍物；在转向过程中发现另一侧也有障碍物时，机器人不会立即改变自己的转向，而是按照之前执行的动作继续。这样，机器人就有可能通过继续转向绕开第二个障碍物，从而消除峡谷效应。

也许机器人仍不能摆脱峡谷效应，并且有可能以更大的幅度左右摆动，这取决于timeNow与timeOld的差值以及障碍物的空间分布。发现机器人出现这种不良状况时，我们可以对程序进行局部调整，将2s改为5s或者更长。这样，当机器人发现障碍物时，转向角度就会增大，从而减小峡谷效应出现的可能性。

采用另一个方法有可能解决这种问题，我们不再将行为中的时间间隔设为常数（2s或5s），而是将其定义为某个静态变量t，并且t的初始值非常小（该值接近0时，行为与6.4.2节相同）。当然，就像我们之前讨论过的，当t非常小时，机器人很容易发生左右摆动现象。但是，这里将t作为一个变量处理：如果机器人从左侧检测到障碍物变化为右侧检测到障碍物，那么可以增大t；而在其他情况下，机器人完全按照之前所述的方式运行。采取这种策略后，机器人遇到某个峡谷时就会左右摇摆，不同的是每次的转向角度都在增大，最终摆脱峡谷的约束，返回正确轨道。这样，不需要增加很多的状态去记忆过去很长一段时间内所发生的事件，就能避免机器人发生让人头疼的左右摆动现象。

然而，t值也不无限增大。否则，当t值增大到一定的程度后，机器人有可能在转向后又返回发现峡谷时的状态。所以，如果机器人在一段时间内没有检测到障碍物，就要将t逐渐衰减为一个非常小的值，机器人又返回与6.4.2节中相似的行为。

不过，即使采用上述复杂方案，机器人仍有可能受环境中障碍物布局的约束。当障碍物分布不合理时，机器人总会出现左右摆动或者永无停止的原地旋转的情况。作为最后一个手段，随机方法有可能消除峡谷效应。在这种环境状态下，我们不再按照一定的规律改变机器人转向角度，而是随机选择某个转向角度，最终机器人也有机会做出正确的选择！

6.5　基于测距传感器的边缘行走行为

6.5.1　边缘行走行为

边缘行走行为即机器人沿着某个物体的边缘移动，能够帮助机器人在障碍物之间搜索路径。这些物体可能是房间墙壁或是陡坡，甚至是某些液体的边缘。

沿墙行走是最常见的一种边缘行走行为，就是让机器人顺着墙的轮廓线平稳移动。实现这种行为的关键是方向准确性。如果能始终保持机器人的移动方向平行于墙的走向，就能非常可靠地实现沿墙行走。

6.5.2　测距传感器的安装

在轮式机器人上横向安装一个测距传感器，能帮助机器人比较可靠地沿墙行走。这里使用红外测距传感器，其安装支架如图6.13所示。

红外测距传感器支架的外形尺寸如图6.14所示。

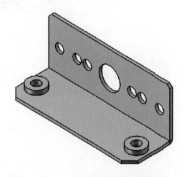

图6.13　红外测距传感器支架

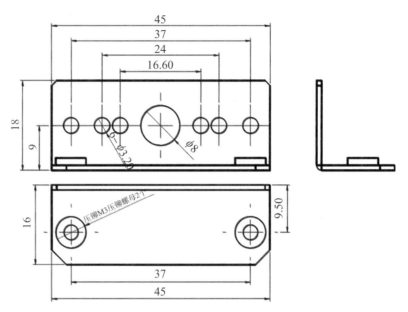

图6.14 红外测距传感器支架的外形尺寸（单位：mm）

利用支架将红外测距传感器朝外安装在底盘的右侧，并将其连接到掌控板P0引脚，如图6.15所示。

红外测距传感器要安装在机器人两轮轴线的前面或后面。如果传感器位于机器人两轮轴线上，那么测量距离是不能用来确定机器人转向的。

图6.15 在右侧安装红外测距传感器

6.5.3 行为实现

本例实现沿墙行走的方法是维持墙壁和传感器之间的距离为常数，当二者的距离偏小时，机器人向远离墙壁的方向转向；当距离偏大时，机器人向靠近墙壁的方向转向。具体代码如下：

```
from mpython import *

P0 = MPythonPin(0,PinMode.ANALOG)

pic = Image()

#控制电机1前进后退的引脚
m1farword = MPythonPin(13,PinMode.PWM)
m1back = MPythonPin(14,PinMode.PWM)

#控制电机2前进后退的引脚
m2farword = MPythonPin(15,PinMode.PWM)
m2back = MPythonPin(16,PinMode.PWM)

oled.blit(pic.load('face/Eyes/Awake.pbm',0),20,0)
oled.show()

while True:
  value = P0.read_analog()

  if value > 18:
    value = 40722.0/(value - 18) -4
    if value > 15:
      m1farword.write_analog(600)
      m1back.write_analog(0)
      m2farword.write_analog(0)
      m2back.write_analog(0)
    else:
      m1farword.write_analog(0)
      m1back.write_analog(0)
      m2farword.write_analog(600)
      m2back.write_analog(0)
```

上述代码中，距离常数被设定为15cm，即维持机器人（或传感器）和墙壁之间的保护缓冲距离为15cm。由于传感器安装在右侧，所以当测量距离大于15cm时，机器人右转，以靠近墙壁；当距离小于或等于15cm时，机器人左转，以远离墙壁。

6.5.4　距离保持随动行为

如果将测距传感器像6.1节那样安装在机器人正前方，将沿墙行走行为中的机器人转向变为进退，那么沿墙行走行为就变成了距离保持随动行为，机器人会和前方的物体始终保持一定的距离：当前方物体前进时，机器人跟着前进；当前方物体后退时，机器人也会后退。这里改用超声波测距传感器实现距离保持随动行为。可以用图6.16所示的转接板安装超声波测距传感器。

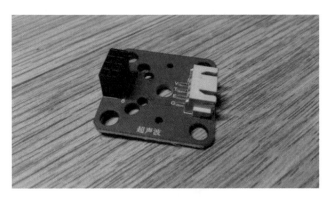

图6.16　超声波传感器转接板

利用该转接板将超声波测距传感器连接到机器人移动底盘上，如图6.17所示。

图6.17　安装超声波测距传感器

实现距离保持随动行为的代码如下：

```
from mpython import *
import machine

#设置反馈超时时间，由于HC-SR04最大测量距离为400，所以大于400/0.017就算超时
echoTimeout = 23530
```

```
trigPin = MPythonPin(8,PinMode.OUT)
echoPin = MPythonPin(9,PinMode.IN)

pic = Image()

#控制电机1前进后退的引脚
m1farword = MPythonPin(13,PinMode.PWM)
m1back = MPythonPin(14,PinMode.PWM)

#控制电机2前进后退的引脚
m2farword = MPythonPin(15,PinMode.PWM)
m2back = MPythonPin(16,PinMode.PWM)

oled.blit(pic.load('face/Eyes/Awake.pbm',0),20,0)
oled.show()

while True:

  trigPin.write_digital(1)
  sleep_us(10)
  trigPin.write_digital(0)

  pulseTime = machine.time_pulse_us(Pin(echoPin.id),1,echoTimeout)

  if pulseTime > 0:
    value = pulseTime*0.017
    if value > 20:
      #前进
      m1farword.write_analog(600)
      m1back.write_analog(0)
      m2farword.write_analog(600)
      m2back.write_analog(0)
    else:
      #后退
      m1farword.write_analog(0)
      m1back.write_analog(600)
      m2farword.write_analog(0)
      m2back.write_analog(600)
```

　　利用超声波测距传感器测量前方物体到机器人的距离，接着判断这个距离：如果大于20cm，机器人就前进，以缩短机器人与物体间的距离；反之则后退，加大机器人与物体间的距离。

6.5.5　基于红外避障传感器的沿墙行走行为

与红外避障感器相比，测距传感器一般比较贵。对机器人设计人员来说，应该尽可能选择简单、廉价的传感器。所以，这一节我们讨论基于红外避障传感器的沿墙行走行为。

我们在6.5.3节使用红外测距传感器时，在代码中设立了一个15cm的阈值：当距离大于这个阈值时，机器人右转，以靠近墙壁；当距离小于或等于15cm时，机器人左转，以远离墙壁。这种实现方式实际上和使用红外避障传感器时类似，如果使用探测距离为15cm的红外避障传感器，那么只需要将代码中判断距离的条件语句换成判断红外避障传感器返回值是否为1的条件语句，就能够实现沿墙行走行为。

分析机器人沿墙行走行为会发现，机器人的运动轨迹为一系列面向和背对墙壁的圆弧：如果检测到墙壁，则圆弧位于机器人右侧；反之，则圆弧位于机器人左侧。系统时延和磁滞越小，机器人行走路径就越接近直线。

6.6　限界行为和陡沿行为

在轮式机器人设计中，除了让机器人具有避免和环境中的物体发生碰撞的能力，通常还要让机器人具有防止从台阶或其他下降陡沿跌落的能力，有时还要具有避免进入用户设定的某个特定区域的能力。

6.6.1　限界行为

有时需要将机器人限定在某个区域内运行。这种限界行为和避障行为非常相似，只不过机器人需要避开的"物体"不是墙壁或其他障碍物，而是允许运行区域和禁止运行区域之间的界限。有很多方法可以用来表示机器人不能跨越的界限。一些草坪剪草机器人采用埋藏在地下的线缆释放某种信号，机器人检测到这种信号就会避开。也可使用某些荧光涂料标示边界，机器人本体上配备紫外线放射源。这种放射源能使涂料释放出特定波长的光线，当机器人靠近荧光涂料时，传感器检测到这种光线就会触发响应行为，驱动机器人离开。除此之外，还可采用红外光束设置机器人运行区域的边界。

这里简单地使用黑色胶带标示机器人运行区域，使用巡线传感器检测界限。如果传感器接口一致，则行为实现代码同6.4.2节。

无论边界以何种方式标识，这种策略都能阻止机器人跨越边界。只要传感器检测到边界，机器人就会原地旋转，直到检测不到边界。按照这种策略，机器人总能远离边界。这里要注意的是，传感器不能安装在机器人的中心或者机器人中心的后侧，否则会导致机器人遇到边界时一直旋转下去。

6.6.2 陡沿行为

陡沿行为与限界行为的实现方式相同，一般情况下巡线传感器返回的状态为"1"，表示检测到物体（即地面）；而当巡线传感器在黑线上或在陡沿上检测不到地面时，返回的状态是"0"。

但是，实现陡沿行为时还要特别注意，限界行为允许机器人有一个或者多个轮子位于边缘之外，只要机器人的主体位于区域内部就行；而陡沿行为绝不允许这种情况发生，机器人的任何一个轮子都不能位于陡沿之外，否则机器人将彻底中断行为的执行过程。

6.7 抖动问题

6.7.1 抖动现象

抖动问题在机器人领域相当普遍，6.4节介绍的峡谷效应便是一个特例。当两个不同的行为轮流控制机器人，或者一个行为的两个不同部分相互抵触时，机器人就有可能发生抖动现象。

假设一个机器人有两种行为：一种行为驱动机器人向位于自己前方的光源前进，另一种行为在机器人遇到障碍物时控制机器人后退，那么机器人在运动过程中可能遇到的情况如图6.18所示。当机器人没有发现某个

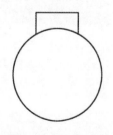

图6.18　抖动行为

矮墙时，它能够可靠运行。然而，随着离墙越来越近，机器人会突然看上去好像停止了，同时伴有轻微的抖动现象。出现这种情况是因为光源跟踪行为一直命令机器人前进，直到检测到障碍物的存在。此时，避障行为被触发，驱动机器人后退。然而，只要机器人稍微后退一点距离，避障行为就会变为非触发状态，光源跟踪行为又开始接管控制权，再次驱动机器人前进。这样，机器人就会轮流执行两个相互抵触的行为，从而导致抖动现象的发生。

6.7.2　循环诊断行为

解决抖动问题的方法之一是利用循环诊断行为，使机器人具有一定的适应能力。诊断对象不是机器人外部的环境信息，而是机器人反复运行的状态。例如，当感知到电机正在不断切换进退，或者发现机器人没有任何动作时，循环诊断行为接管机器人的控制权，控制机器人随机转向，或者执行一些能够打破僵局的随机命令。

循环诊断行为提供了一种能够避免行为组合出现不良运行后果的通用方法。但是，这只是一种误打误撞的解决方法，最好深入了解经常反复调用的两种行为之间的相互影响方式。在图6.18所示的情况中，可以通过构建专门处理机器人归航和避障的独立行为来消除抖动现象。

6.7.3　查表方法

采用查表方法能够非常清楚地显示行为内部或者行为之间的矛盾，由此确定合理的解决方案。我们可以列出两种行为同时发生或者两种条件同时满足时，是否会出现相互抵触的行为，以及不会产生抖动现象的行为。

6.8　区域覆盖

轮式机器人的很多应用都需要机器人能够比较完整地覆盖某个给定区域。也就是说，机器人应该至少能够到达一次规定区域内的每个点。草坪剪草、探雷和窗户清洗是三个完全不同的机器人应用例子，它们都需要机器人具有良好的区域覆盖能力。

6.8.1 确定性覆盖

理想情况下，为了得到良好的覆盖性能，机器人应该使用比较准确的高分辨率定位系统。如果配备了这种系统，机器人就能够比较确定地遍历区域中的每个位置。进行确定性操作时，机器人主要根据以前所到达单元的准确信息，确定自己下一步应该到达哪个或哪些单元。实际上，在迈出第一步之前，机器人要先进行路径规划，以便找出一条能够到达该区域内每个位置，同时又能使反复到达某个位置的次数最少的全局性最优路径。

遗憾的是，有很多难以解决的实际问题制约着这种理性规划移动路径的实现。首先，定位系统的分辨率就是一个老大难问题，区域覆盖的相关研究工作一般都假设系统具有良好的分辨率。机器人移动（如剪草）范围通常是一个固定宽度 W（草坪剪草机器人的刀片宽度）N 倍的平面，出于对定位系统不确定性的考虑，机器人能够成功完成区域覆盖过程的最小分辨率应为 $W/2$。

其次，实际的定位系统经常发生信息丢失现象。无论使用GPS，还是基于激光扫描的三角测量法，或者其他方法，总会存在某些区域信号发送或者传输不稳定的情况。这些区域内的大树和高层建筑物会阻碍卫星信号传输，或反射一些导致系统紊乱的波形，从而导致定位系统要么不能提供任何位置信息，要么提供的信息有误。

此外，机器人事先做出的路径规划经常会被一些没有预测到的状况影响。在割草机器人的工作过程中，可能出现一只狗停留在规划路径中的关键部位，或篱笆花圃的实际位置同机器人所用的篱笆花圃位置不符的情况。

当机器人移动所依据的信息出现错误时，它的行为必然不正确。当机器人接收到错误信号到达某个特定位置时，它可能误认为这是它以前曾经到过的区域。更糟的是，机器人可能始终拒绝进入某些至今没有到过的区域，这就是常说的"系统遗漏效应"。

6.8.2 随机覆盖

在很多情况下，与确定性覆盖相比，随机覆盖是一种更好的方法。尽管随机覆盖会使机器人的行为不像使用定位系统时那样可推断，但它能避免使用定位系统所带来的价格、复杂性以及系统脆弱性问题。

采用随机覆盖策略，机器人无须跟踪记录自己的位置信息，只需简单地随机移动并在遇到障碍物时改变方向。经过足够的时间，机器人将以相同的概率到达空间中的每个位置。

随机覆盖的实现相对简单，只需要两个行为就能完成一个覆盖任务：巡航行为和随机逃离行为。其中，巡航行为用来驱动机器人沿直线行走；而随机逃离行为是当机器人与墙壁或障碍物发生碰撞时，随机选择转向角度。

这种随机反弹式机器人不知道自己的具体位置，因此也就不可避免地会再次访问已经访问过的区域。这意味着机器人会浪费一部分时间，并且运行时间越长，机器人访问旧区域所浪费的时间越多，而不是将精力完全放在访问新区域上。随着机器人的运行，覆盖区域的增长速度呈递减趋势，而区域覆盖率可以近似地表达为下式：

$$覆盖率 = 1 - e^{-t/a}$$

式中，t 为时间变量；a 为时间常数，表明机器人在不访问旧区域的情况下进行确定性覆盖所花费的时间。

6.9　小　结

本章介绍了一些轮式机器人的基本行为，以及这些简单行为之间的相互作用方式。分析抖动问题可知，行为之间的交互作用遍及整个机器人，乃至机器人的工作环境。

机器人的第一个行为难免会出现这样那样的错误，任务越复杂，情况越是如此。但是，如果程序结构设计合理，基于行为的机器人的每个行为都不需要其他行为的内部状态信息，同时行为之间的连接方式也比较清晰。

另外，在行为的实现过程中，最好让机器人能够实时连续地向外反馈相关运行信息，包括正在对机器人进行控制的相关行为信息，以及机器人执行所依据的传感器数据等。

第7章 广播遥控操作型机器人

上一章介绍了轮式机器人的基本行为，我们可以根据机器人所处的环境以及所执行的任务来应用这些行为，或者对行为进行组合。

第3章介绍过可以利用开源硬件制作遥控操作型机器人，本章就利用掌控板的广播功能来制作一个这样的机器人。

7.1 掌控板的广播功能

7.1.1 radio库

多个掌控板之间可以采用广播的形式进行无线通信。要使用广播功能，首先要导入radio库。radio库支持13个通道，在相同通道内能接收到成员发出的广播消息。这个库包含了广播功能使用的函数和属性。常用的函数如下：

（1）on()，开启无线功能，无参数。

（2）off()，关闭无线功能，无参数。

（3）config(channel)，配置无线广播。参数channel表示通道，取值范围为1～13。

（4）receive()，接收无线广播消息，消息以字符串形式返回。最大可接收250Byte数据。如果没有接收到消息，则返回None。当receive的参数为True时，即receive(True)，则返回由信息和mac地址组成的元组（msg,mac）。默认为receive(False)。

（5）receive_bytes()，以字节形式接收无线广播消息，其他与receive()相同。

（6）send()，发送无线广播消息，发送数据类型为字符串。发送成功后返回True，否则返回False。

（7）send_bytes()，以字节形式发送无线广播消息。发送成功后返回True，否则返回False。

7.1.2　发送数据

可以在使用REPL时导入radio库并查看库中的函数与属性，代码如下：

```
>>>import radio
>>>radio.
__class__         __init__        __name__        send
config            off             on              receive
receive_bytes     send_bytes
>>>radio.
```

其中，我们能看到上一节介绍的函数。

下面编写一个程序，实现每秒发送一次字符串"python"的功能。对应的代码如下：

```
from mpython import *
import radio

radio.on()
radio.config(channel = 2)

while True:
  radio.send("Python")
  sleep(1)
```

将这段代码刷入掌控板并运行，掌控板就会定时发送字符串了。

7.1.3　接收数据

为了查看掌控板发送的数据，首先要对其供电，同时要准备另一块掌控板并将其连接到计算机上。此时，在mPython中进入REPL，按照以下操作查看接收的数据。

```
>>>import radio
>>>radio.config(channel = 2)
>>>radio.on()
>>>radio.receive()
'Python'
>>>radio.receive(True)
('Python','246F2843E94C')
>>>
```

这里能看到，使用receive()函数并输入参数True时，返回的是由信息和mac地址组成的元组（msg,mac）。这个mac地址就在掌控板正面OLED显示屏的右下角，如图7.1所示。

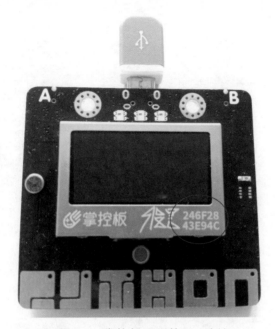

图7.1　掌控板正面的mac地址

通过指定mac地址可以实现只接收指定掌控板发送的消息。

7.1.4　控制机器人移动

确定能收到数据后，我们实现一个收到字符串"Python"后就让机器人左转0.5s的功能。对应的代码如下：

```
from mpython import *
import radio


radio.on()
radio.config(channel = 2)


#控制电机1前进后退的引脚
m1farword = MPythonPin(13,PinMode.PWM)
m1back = MPythonPin(14,PinMode.PWM)


#控制电机2前进后退的引脚
```

```
m2farword = MPythonPin(15,PinMode.PWM)
m2back = MPythonPin(16,PinMode.PWM)

while True:
  if radio.receive()== "Python":
    #右转
    m1farword.write_analog(600)
    m1back.write_analog(0)
    m2farword.write_analog(0)
    m2back.write_analog(600)

    sleep(0.5)

    m1farword.write_analog(0)
    m2back.write_analog(0)
```

　　程序运行时，由于发射端掌控板一直在发送数据，因此机器人就会一顿一顿地右转。如果发射端掌控板断电，那么机器人就不动了。

7.2　通过姿态控制机器人

　　了解了广播功能的用法之后，本节实现手持掌控板通过姿态来控制机器人的项目。

7.2.1　机器人端程序设计

　　首先完成机器人端的代码。编写这段代码的关键是确定控制机器人的对应信息，如收到什么信息时前进、收到什么信息时停止。笔者设定的信息见表7.1。

表7.1　机器人控制信息设定

机器人动作	对应信息	对应操作
前　进	FW	左右轮都前进
后　退	BK	左右轮都后退
停　止	STOP	左右轮都停止
原地左转	TURNLEFT	左轮后退 右轮前进

机器人动作	对应信息	对应操作
原地右转	TURNRIGHT	左轮前进 右轮后退
以左轮为圆心左前转	LEFTFW	左轮停止 右轮前进
以右轮为圆心右前转	RIGHTFW	左轮前进 右轮停止
以左轮为圆心左后转	LEFTBK	左轮停止 右轮后退
以右轮为圆心右后转	RIGHTBK	左轮后退 右轮停止

基于以上设定的机器人端程序如下：

```
from mpython import *
import radio

radio.on()
radio.config(channel = 2)

#控制电机1前进后退的引脚
m1farword = MPythonPin(13,PinMode.PWM)
m1back = MPythonPin(14,PinMode.PWM)

#控制电机2前进后退的引脚
m2farword = MPythonPin(15,PinMode.PWM)
m2back = MPythonPin(16,PinMode.PWM)

state = "STOP"

while True:
  receiveCmd = radio.receive()
  if state != receiveCmd:
    state = receiveCmd
    if receiveCmd == "FW":
      #前进,左右轮都前进
      m1farword.write_analog(600)
      m1back.write_analog(0)
      m2farword.write_analog(600)
      m2back.write_analog(0)
    if receiveCmd == "BK":
```

```
    #后退,左右轮都后退
    m1farword.write_analog(0)
    m1back.write_analog(600)
    m2farword.write_analog(0)
    m2back.write_analog(600)
if receiveCmd == "STOP":
    #停止,左右轮都停止
    m1farword.write_analog(0)
    m1back.write_analog(0)
    m2farword.write_analog(0)
    m2back.write_analog(0)
if receiveCmd == "TURNLEFT":
    #原地左转,左轮后退右轮前进
    m1farword.write_analog(0)
    m1back.write_analog(600)
    m2farword.write_analog(600)
    m2back.write_analog(0)
if receiveCmd == "TURNRIGHT":
    #原地右转,左轮前进右轮后退
    m1farword.write_analog(600)
    m1back.write_analog(0)
    m2farword.write_analog(0)
    m2back.write_analog(600)
if receiveCmd == "LEFTFW":
    #以左轮为圆心左前转,左轮停止右轮前进
    m1farword.write_analog(0)
    m1back.write_analog(0)
    m2farword.write_analog(600)
    m2back.write_analog(0)
if receiveCmd == "RIGHTFW":
    #以右轮为圆心右前转,左轮前进右轮停止
    m1farword.write_analog(600)
    m1back.write_analog(0)
    m2farword.write_analog(0)
    m2back.write_analog(0)
if receiveCmd == "LEFTBK":
    #以左轮为圆心左后转,左轮停止右轮后退
    m1farword.write_analog(0)
    m1back.write_analog(0)
    m2farword.write_analog(0)
    m2back.write_analog(600)
if receiveCmd == "RIGHTBK":
    #以右轮为圆心右后转,左轮后退右轮停止
```

```
        m1farword.write_analog(0)
        m1back.write_analog(600)
        m2farword.write_analog(0)
        m2back.write_analog(0)
```

为了避免重复操作引脚，这里定义一个变量state来保存机器人的当前状态。在之后的判断中，只有命令状态与当前状态不同，才会执行引脚操作。

7.2.2　测试机器人

为了测试机器人端程序的正确性，我们另外准备一块掌控板并将其连接到计算机上，同时给机器人上电。

此时，在mPython中进入REPL，按照以下操作测试机器人能否按照指定数据运动。

```
>>>import radio
>>>radio.config(channel = 2)
>>>radio.on()
>>>radio.send("STOP")
True
>>>radio.send("TURNLEFT")
True
>>>radio.send("STOP")
True
>>>radio.send("TURNRIGHT")
True
>>>radio.send("STOP")
True
>>>radio.send("FW")
True
>>>radio.send("STOP")
True
>>>radio.send("BK")
True
>>>radio.send("STOP")
True
>>>radio.send("LEFTFW")
True
>>>radio.send("STOP")
True
>>>radio.send("LEFTBK")
```

```
True
>>>radio.send("STOP")
True
>>>radio.send("RIGHTBK")
True
>>>radio.send("STOP")
True
>>>radio.send("RIGHTFW")
True
>>>radio.send("STOP")
True
>>>
```

如果所有操作都按照预想的动作执行，那就说明机器人端程序是正确的。这样操作机器人实际上也没问题，就是操作时间比较长，因为每次都要输入对应的函数和命令。想更方便地操作，还需要制作一个遥控器。

7.2.3　制作遥控器

我们希望手持掌控板通过姿态来控制机器人，因此需要使用掌控板内置的加速度传感器。

图7.2　遥控器的显示界面

在正确获取加速度数据的基础上，用掌控板制作一个遥控器。遥控器界面显示的是由三个圆圈、一条垂直线段、一条水平线段组成的靶子图案，如图7.2所示，靶子图案上有一个随着掌控板姿态变化位置的实心圆。

第一步是绘制靶子图案。绘制圆和线段分别使用oled对象的circle()方法和line()方法。其中，circle()方法有4个参数，分别为圆心坐标x、圆心坐标y、圆的半径、显示效果（是否反显）；line()方法有5个参数，分别为线段头部的x坐标、线段头部的y坐标、线段尾部的x坐标、线段尾部的y坐标以及显示效果。

三个圆圈的圆心都在显示屏的正中，圆心都是（64，32），而半径分别为5、15、25。两条线段穿过圆心，超出最大的圆。因此，绘制靶子图案的代码如下：

```
from mpython import *

while True:
  oled.fill(0)
  oled.circle(64,32,5,1)
  oled.circle(64,32,15,1)
  oled.circle(64,32,25,1)
  oled.line(64,0,64,63,1)
  oled.line(32,32,95,32,1)
  oled.show()
```

考虑到之后放置了实心圆要不断刷新显示，因此绘制靶子图案的代码放在了while循环中。

第二步是绘制位置随着加速度不断变化的实心圆，以直观显示加速度传感器的数值变化。掌控板平放时，实心圆在靶子正中；掌控板x轴正方向向下倾斜时，实心圆向下移动；掌控板x轴负方向向下倾斜时，实心圆向上移动；掌控板y轴正方向向下倾斜时，实心圆向左移动；掌控板y轴负方向向下倾斜时，实心圆向右移动。可见，这里只用到了x方向和y方向的加速度值。

加速度值大概在±1之间（静止状态只受重力加速度的影响），而实心圆的圆心在靶子中心半径30的范围内。由此能得到实心圆的圆心位置（新建变量x、y表示实心圆的圆心）：

```
x = int(64 - accelerometer.get_y()*30)
y = int(32 + accelerometer.get_x()*30)
```

> **说　明**
>
> 对于显示屏，x为水平方向，y为竖直方向。另外，还要注意方向的正负。

添加绘制实心圆的代码的程序如下（实心圆的半径为4）：

```
from mpython import *

while True:
  oled.fill(0)
  oled.circle(64,32,5,1)
  oled.circle(64,32,15,1)
```

```
oled.circle(64,32,25,1)
x = int(64 - accelerometer.get_y()*30)
y = int(32 + accelerometer.get_x()*30)
oled.fill_circle(x,y,4,1)
oled.show()
```

第三步是增加广播数据的部分，这里将实心圆的运动区域划分为9个部分，每个部分对应的机器人动作、发送的信息以及运动范围如图7.3所示。

以左轮为圆心左前转	前　进	以右轮为圆心右前转
LEFTFW	FW	RIGHTFW
$x<51$	$51 \leqslant x \leqslant 76$	$x>76$
$y<19$	$y<19$	$y<19$
原地左转	停　止	原地右转
TURNLEFT	STOP	TURNRIGHT
$x<51$	$51 \leqslant x \leqslant 76$	$x>76$
$19 \leqslant y \leqslant 44$	$19 \leqslant y \leqslant 44$	$19 \leqslant y \leqslant 44$
以左轮为圆心左后转	后　退	以右轮为圆心右后转
LEFTBK	BK	RIGHTBK
$x<51$	$51 \leqslant x \leqslant 76$	$x>76$
$y>44$	$y>44$	$y>44$

图7.3　将实心圆的运动区域划分为9个部分

依照图7.3完成的遥控器代码如下：

```
from mpython import *
import radio

radio.config(channel = 2)
radio.on()

oldCmd = "STOP"
newCmd = "STOP"

while True:
    oled.fill(0)
    oled.circle(64,32,5,1)
    oled.circle(64,32,15,1)
    oled.circle(64,32,25,1)
    oled.line(64,0,64,63,1)
```

```
oled.line(32,32,95,32,1)
x = int(64 - accelerometer.get_y()*30)
y = int(32 + accelerometer.get_x()*30)
oled.fill_circle(x,y,4,1)
oled.show()

if x < 51:
  if y < 19:
    newCmd = "LEFTFW"
  elif y > 44:
    newCmd = "LEFTBK"
  else:
    newCmd = "TURNLEFT"
elif x > 76:
  if y < 19:
    newCmd = "RIGHTFW"
  elif y > 44:
    newCmd = "RIGHTBK"
  else:
    newCmd = "TURNRIGHT"
else:
  if y < 19:
    newCmd = "FW"
  elif y > 44:
    newCmd = "BK"
  else:
    newCmd = "STOP"

#发送广播
if newCmd != oldCmd:
  oldCmd = newCmd
  radio.send(newCmd)
```

　　将程序刷入掌控板，这样我们就能够手持掌控板通过姿态来控制机器人的移动了。

7.3 获取机器人环境数据

　　通过广播的形式除了能控制机器人移动，还能够获取环境数据。

7.3.1　获取机器人环境光强信息

例如，想获取6.2.1节图6.6所示机器人的环境光强信息，可以设定当机器人收到某一信息（假设为"sensor"）时，反馈对应的数据。图6.6所示机器人装了两个环境光传感器，这里只反馈P1引脚传感器的数据，具体实现代码如下：

```
from mpython import *
import radio

radio.config(channel = 2)
radio.on()

PL = MPythonPin(1,PinMode.ANALOG)

while True:
  valueL = PL.read_analog()

  receiveCmd = radio.receive()
  if receiveCmd == "sensor":
    radio.send(valueL)
```

> **说　明**
>
> 这段代码只完成了反馈传感器数据的功能。

由于这里只有一个数据，所以直接发送了出来。不过，实际应用中可能需要发送多个数据，如表示光线强度的数据、表示机器人环境温度的数据、表示机器人环境湿度的数据等，甚至是表示环境核辐射强度的数据。

有多个数据的时候，通常要表示不同的数据属性。这样，接收端通过数据分析就能知道反馈的是什么信息。

7.3.2　雷达扫描

接下来，我们结合超声波传感器的测距功能和舵机的水平旋转，实现雷达扫描功能。大致做法是，在机器人移动底盘前方装一个小舵机，然后在舵机上装一个超声波传感器。接着，让舵机每转动一度都测量一次距离，得到前方180°范围内障碍物的距离分布图。

按如下步骤改造机器人：

（1）在"laserblock@掌控板V1"中选择一个长条，将舵机固定在这个长条上，如图7.4所示。

图7.4 将舵机安装在一个长条上

（2）将装了舵机的长条安装在机器人移动底盘前端，同时将舵机接到掌控板P0引脚，如图7.5所示。

图7.5 将装了舵机的长条安装在机器人移动底盘前端

这里，移动底盘前端还安装了一个支撑板，支撑装有舵机的长条。

（3）将超声波传感器转接板装在舵机的舵盘上，如图7.6所示。

图7.6 将超声波传感器的转接板装在舵盘上

（4）将超声波传感器转接板装在舵机上，同时将超声波传感器连接到掌控扩展板，完成后如图7.7所示。

图7.7　安装了超声波传感器与舵机的机器人移动平台

这里要注意，将超声波传感器转接板安装在舵机上的时候，要先将舵机调整到90°，然后在保证超声波传感器面向正前方的情况下安装转接板。在使用REPL时调整舵机角度，操作代码如下：

```
>>>from mpython import *
>>>from servo import Servo
>>>myServo = Servo(0,min_us = 500,max_us = 2500)
>>>myServo.write_angle(90)
>>>
```

这样才能保证超声波传感器往左和往右都有90°的转动空间。掌控板程序实现的功能是，机器人收到字符串"measure"的时候启动测量工作。先让舵机转至0°，然后舵机角度每增加1°，就测量一次距离，并将距离值通过广播的形式发送出来。最后，让舵机回到90°。由于这里要发送181个数据（0°也有数据），因此在发送数据时候简单约定如下：

（1）发送的字符串有两部分数据，即角度数据和距离数据（类似的其他数据可以由数据属性和数据值两部分组成，属性可以是约定好的一个值，如用200表示后面的数据为光强值）。

（2）角度数据的前面加大写字母A，而距离数据的前面加大写字母D。

基于这样的约定，如果90°时的测量距离值为50，那么发送数据就为"A90D50"。之后，接收端就按照约定进行信息处理。

基于以上内容，实现代码如下：

```
from mpython import *
from servo import Servo
import machine
import radio

myServo = Servo(0,min_us = 500,max_us = 2500)
myServo.write_angle(90)

radio.config(channel = 2)
radio.on()

#设置反馈超时时间，由于HC-SR04最大测量距离为400，所以大于400/0.017就算超时
echoTimeout = 23530

trigPin = MPythonPin(8,PinMode.OUT)
echoPin = MPythonPin(9,PinMode.IN)

while True:
  receiveCmd = radio.receive()
  if receiveCmd == "measure":

    for i in range(0,180):
      myServo.write_angle(i)

      trigPin.write_digital(1)
      sleep_us(10)
      trigPin.write_digital(0)

      pulseTime = machine.time_pulse_us(Pin(echoPin.id),1,echoTimeout)

      if pulseTime > 0:
        radio.send("A" + str(i) + "D" + str(pulseTime*0.017))
      else:
        #HC-SR04最大测量距离为400,超时的情况按照400cm处理
        radio.send("A" + str(i) + "D400")

      sleep(0.1)

    myServo.write_angle(90)
```

　　在代码中，每次设定舵机角度之后都通过超声波测量前方障碍物的距离，然后通过广播将数据发送出来。

说　明

同样，这段代码只完成了雷达扫描的功能。

7.3.3　雷达信息处理

　　实现雷达扫描功能以后，我们换一块掌控板连接到计算机，同时给机器人上电。通过以下代码实现雷达数据的获取：

```
from mpython import *
import radio

def a_button_down(_):
  radio.send("measure")

button_a.irq(trigger = Pin.IRQ_FALLING,handler = a_button_down)

radio.config(channel = 2)
radio.on()

while True:
  receiveCmd = radio.receive()
  if receiveCmd != None:
    print(receiveCmd)
```

　　这段程序实现的功能是，按下连接计算机端掌控板的A键，就会广播发送字符串 "measure"，以启动机器人端的雷达扫描功能。同时，开始接收雷达数据并通过print()函数显示在软件界面的控制台中。

　　这里使用中断模式处理按下A键的操作。指定中断处理程序的方法如下：

```
MPythonPin.irq(handler = None,trigger = Pin.IRQ_RISING)
```

　　该方法的参数见表7.2。

　　这里，中断时要执行的函数为a_button_down()。中断函数中只有一步操作，就是广播发送字符串 "measure"。

表7.2　**MPythonPin.irq(handler = None,trigger = Pin.IRQ_RISING)参数说明**

参　数	说　明
handler	中断时要执行的函数名称
trigger	中断触发模式，有4个选项： ·Pin.IRQ_FALLING，下降沿中断 ·Pin.IRQ_RISING，上升沿中断 ·Pin.IRQ_LOW_LEVEL，低电平中断 ·Pin.IRQ_HIGH_LEVEL，高电平中断 这些选项可以通过逻辑或运算符组合

将程序刷入掌控板，按下A键后机器人开始执行雷达扫描任务，接着软件控制台就会显示对应的雷达信息，如图7.8所示。

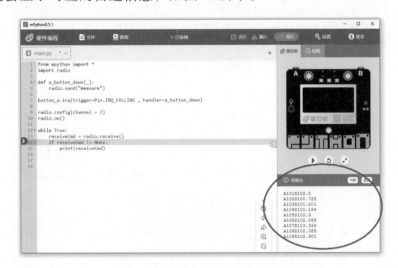

图7.8　控制台显示的雷达信息

由图7.8可见，当前显示的数据就是按照之前的约定发送的。这种数据我们无法直接处理（完全拷出来人工处理也是可以的），因此要进行处理。

这些数据的第一个字符都是A，所以可以直接忽略第一个字符，只需要确定字符D在什么位置。可以使用字符串的find()方法，该方法能够返回参数字符串的位置。例如，要查找字符D的位置，对应的代码如下：

```
index = receiveCmd.find("D")
```

找到D的位置，也就知道了D之后的对应数据。因此，如果只想显示数据，则代码如下：

```
from mpython import *
```

```
import radio

def a_button_down(_):
  radio.send("measure")

button_a.irq(trigger = Pin.IRQ_FALLING,handler = a_button_down)

radio.config(channel = 2)
radio.on()

while True:
  receiveCmd = radio.receive()
  if receiveCmd != None:
    index = receiveCmd.find("D")
    print(receiveCmd[index + 1:])
```

说　明

要想判断前面的数据，还需要将前面的数据取出来进行判断。

　　将新代码刷入掌控板，再次按下A键，显示内容就完全是数值了，显示效果如图7.9所示。

　　为了确定第一个数据，可以在按下A键之前先右键单击控制台，然后选择"清屏"，以清除控制台中的信息，如图7.9所示。

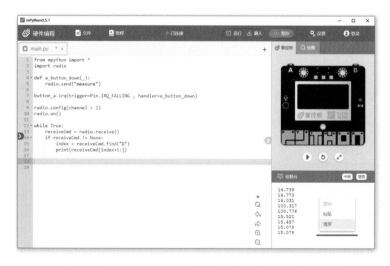

图7.9　调整代码之后控制台显示的就都是数值了

7.3.4 生成障碍物分布图

有了这些数据，若想更直观地查看这些数据反映的障碍物情况，可以利用EXCEL或WPS表格显示前方180°范围内障碍物的分布情况。

这里使用WPS表格，先将181个数据从控制台中复制到WPS表格中，如图7.10所示。

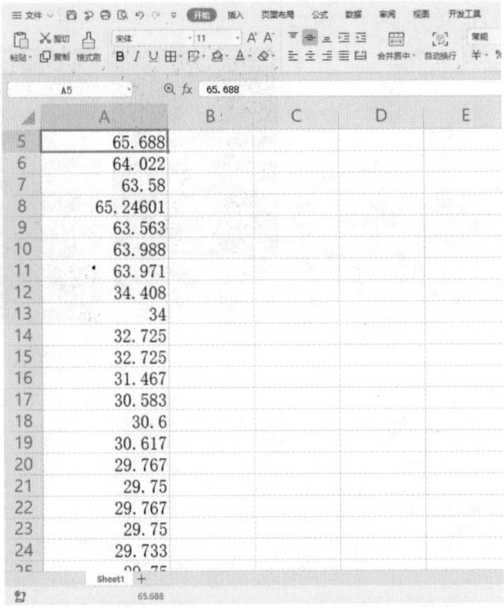

图7.10 将数据复制到WPS表格中

接下来，在"插入"菜单中选择"全部图表"，如图7.11所示。

图7.11 选择"全部图表"

在弹出的对话框中选择"雷达图"，如图7.12所示。

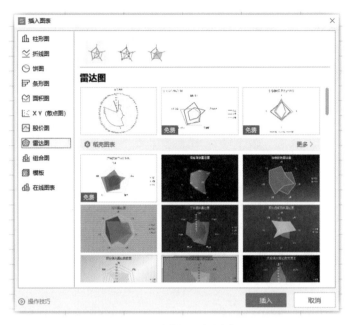

图7.12　选择"雷达图"

点击"插入"就会出现数据的雷达图，如图7.13所示。

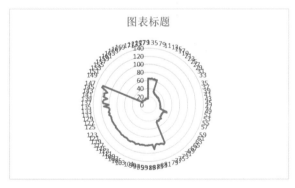

图7.13　点击"插入"直接生成雷达图

不过，目前显示有错误。我们的数据是机器人前方180°的数据，但这个雷达图是360°的，因此还要调整一下，操作步骤如下。

（1）点击生成的雷达图，在弹出的工具按钮中选择漏斗标识的"图表筛选器"，然后在弹出的对话框中选择右下角的"选择数据"，如图7.14所示。

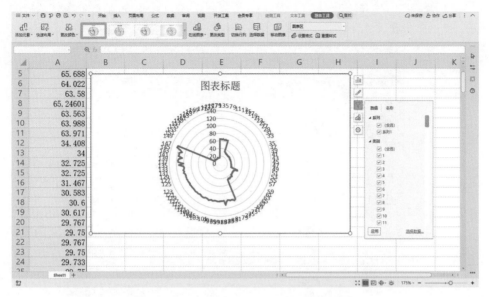

图7.14 点击雷达图选择"图表筛选器"

（2）在弹出的"编辑数据源"对话框中设定数据区域。这里，有效数据从A1格到A181格，但雷达图的显示是360°的，所以我们将数据区域由181修改为360，即从A1到A360格，对应内容为"＝Sheet1!$A$1:$A$360"，如图7.15所示。

图7.15 设定数据区域

（3）此时，雷达图显示的就是机器人前方180°的情况。最后，如果希望图像整洁一些，可以点击雷达图，在弹出的工具按钮中选择第一个工具"图像元素"，然后在弹出的对话框中取消坐标轴、图表标题前面的对勾，效果如图7.16所示。

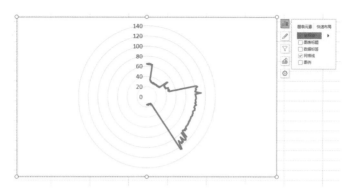

图7.16　取消图像元素中坐标轴、图表标题前面的对勾

另外，通过工具按钮中的"样式"还可以选择不同的显示效果，图7.17所示的效果就是将测量距离值之间的连接线用虚线来表示。

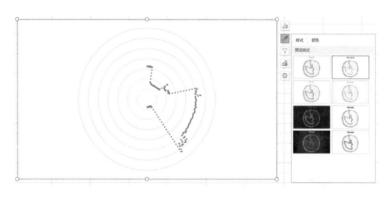

图7.17　更改雷达图的样式

通过雷达图我们能够较直观地查看机器人前方障碍物的分布情况，但同时我们也发现由于物体表面的不规则或者传感器本身存在误差，雷达图外围曲线呈锯齿状。

想让曲线能够尽量平滑，可以在代码中尝试做一些处理。例如，通过对一点进行多次测量，获得一个较平均的距离值；或者，将上一个数据与测量数据进行平均，以减小锯齿波动。

7.3.5　在显示屏上显示障碍物分布图

通过WPS表格实现雷达图的显示效果之后，下面尝试在掌控板OLED显示屏上显示障碍物分布图。这个图既可以显示在机器人底盘的掌控板上，也可以显示在连接计算机的掌控板上。这里尝试在连接计算机的掌控板上显示。

为了显示数据图像，新建一个列表radar来保存所有的距离值。随后，每获取一个距离值都将其添加到列表中。接收到最后一个数据后（判断A后面的数字），就在OLED显示屏上以坐标（64，64）为起点逐渐发散性绘制对应长度的线段，以形成障碍物分布图。OLED显示屏的高度为64像素，这里统一将距离值除以3，即显示的最远距离为64×3＝192。

绘制线段的过程稍微有点复杂。这里，距离值除以3就是线段长度，而线段的角度是一度一度增加的：一圈360°，即2π，1°就是$\pi/180$。所以，每条线段的角度就是它的序号乘以$\pi/180$（代码中π写为math.pi）。有了线段的长度和角度之后，就可以计算线段另一个端点的坐标了。这要使用三角函数，对应的关系如图7.18所示。

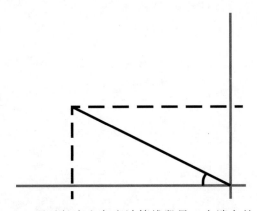

图7.18 通过长度和角度计算线段另一个端点的坐标

假设角度为α，线段长度为l，那么线段另一个端点的坐标相对于坐标点（64，64）的位置就是$[-l\times\cos(\alpha)，-l\times\sin(\alpha)]$。这样，就能够得到线段的绘制代码（注意这里要导入math库）：

```
oled.line(64,
          64,
          64 - int(l*math.cos(i*math.pi/180)),
          64 - int(l*math.sin(i*math.pi/180)),
          1)
```

因此，完整代码如下：

```
from mpython import *
import radio
import math
```

```python
def a_button_down(_):
  radio.send("measure")

button_a.irq(trigger = Pin.IRQ_FALLING,handler = a_button_down)

radio.config(channel = 2)
radio.on()

radar = []

while True:
  receiveCmd = radio.receive()
  if receiveCmd != None:
    index = receiveCmd.find("D")
    #print(receiveCmd[index + 1:])
    radar.append(float(receiveCmd[index + 1:]))

    #判断是否是组后一个数
    if int(receiveCmd[1:index])== 180:
      radar.reverse()

    #清除显示，然后先绘制一个圆（显示出来实际上是半圆）
    oled.fill(0)
    oled.circle(64,64,60,1)

    i = 0
    while len(radar) > 0:
      l = radar.pop()/3
      oled.line(64,
        64,
        64 - int(l*math.cos(i*math.pi/180)),
        64 - int(l*math.sin(i*math.pi/180)),
        1)
      i = i + 1

    oled.show()
```

　　将程序刷入掌控板，按下A键时机器人开始执行雷达扫描任务，接着掌控板OLED显示屏上显示对应的雷达图像，如图7.19所示。

图7.19 在掌控板显示屏上显示障碍物分布情况

这里还增加了一个半圆来改善显示效果，半圆表示机器人前方180cm范围内的障碍物情况。另外，想看每条线段逐条显示的动态效果，可以将代码`oled.show()`放在while循环之内：

```
......
        while len(radar) > 0:
          l = radar.pop()/3
          oled.line(64,
             64,
             64 - int(l*math.cos(i*math.pi/180)),
             64 - int(l*math.sin(i*math.pi/180)),
             1)
          i = i + 1
          oled.show()
```

7.4　小　结

本章，我们利用开源硬件制作了一个遥控接收系统，实现了用一个掌控板控制另一个由掌控板驱动的机器人移动平台。这应用了掌控板的广播功能。利用该功能不但能够控制机器人，还能够获取机器人上传感器的信息。由此，我们制作了一个带雷达扫描的移动机器人，还在计算机上和掌控板显示屏上显示了图形化的雷达扫描数据。

不过，由于担心代码篇幅过长，笔者没有将雷达扫描功能放在遥控机器人运动代码中。读者可以尝试将代码融合在一起，通过手持掌控板的姿态控制机器人移动，在停止状态下按下A键时让机器人执行扫描任务。

第8章　基于网络遥控操作型机器人

掌控板自带Wi-Fi功能。在本书的最后一章，我们尝试实现一个基于网络遥控的操作型机器人。

8.1　连接网络

8.1.1　wifi类

掌控板提供了便捷的Wi-Fi连接方式，支持STA模式（作为节点连接到路由器）和AP模式（作为设备连接到掌控板）。建立Wi-Fi连接，需要使用mpython库中的wifi类。基于wifi类创建对象的代码如下

```
mywifi = wifi()
```

掌控板有两个Wi-Fi接口，所以创建wifi对象之后有sta对象和ap对象两个对象。

```
>>>mywifi.
__class__          __init__          __module__         __qualname__
__dict__           connectWiFi       disconnectWiFi     enable_APWiFi
disable_APWiFi     sta               ap
>>>mywifi.
```

针对这两个对象，wifi类的方法如下：

（1）wifi.connectWiFi(ssid,password,timeout = 10)，让掌控板连接网络，参数说明见表8.1。

表8.1　**wifi.connectWiFi(ssid,password,timeout = 10)**的参数说明

参　　数	说　　明
ssid	所连接Wi-Fi网络的名称
password	所连接Wi-Fi网络的密码
timeout	连接超时，默认为10s

（2）wifi.disconnectWiFi()，断开Wi-Fi连接。

（3）wifi.enable_APWiFi(essid,password,channel = 10)，使能Wi-Fi的无线AP模式，参数说明见表8.2。

表8.2　**wifi.enable_APWiFi(essid,password,channel = 10)的参数说明**

参　数	说　明
essid	所创建的Wi-Fi网络的名称
password	所创建的Wi-Fi网络的密码
channel	设置Wi-Fi信道1～13

（4）wifi.disable_APWiFi()，关闭AP模式。

8.1.2　连接Wi-Fi网络

使用wifi.connectWiFi()方法连接网络，操作如下（使用REPL时）：

```
>>>mywifi.connectWiFi('你所连接的网络名称','你所连接网络的密码')
Connection WiFi........
WiFi('你所连接的网络名称',-49dBm)Connection Successful,Config:('192.168.1.35',
    '255.255.255.0','192.168.1.1','192.168.1.1')
>>>
```

这里，输入正确的SSID与网络密码，回车之后会先出现"Connetction WiFi........"字样，成功连接之后就会出现"Connection Successful"字样，同时显示掌控板对应的IP地址、子网掩码、网关、DNS等信息。当前，笔者的掌控板IP地址为192.168.1.35。

> **说　明**
>
> 开启Wi-Fi功能后功耗会增大，不使用时可关闭Wi-Fi。

正确连接网络之后，还可以通过sta对象查看网络的状态。sta对象的方法如下：

```
>>>mywifi.sta.
__class__        active       config          connect
disconnect       ifconfig     isconnected     scan
status
>>>mywifi.sta.
```

（1）active方法用于查看网络是否激活，True表示激活，False表示未激活。

（2）config方法用于设置网络名称与密码。

（3）connect方法用于连接网络。

（4）disconnect方法用于断开网络。

（5）ifconfig方法用于查询掌控板的IP地址、子网掩码、网关、DNS信息，带参数时表示设置掌控板的静态IP、子网掩码、网关和DNS。

（6）isconnected方法用于查询网络是否连接，True为连接，False为未连接。

（7）scan方法用于扫描网络。

（8）status方法用于查询网络状态。

对应操作示例如下：

```
>>>mywifi.sta.active()
True
>>>mywifi.sta.ifconfig()
('192.168.1.35','255.255.255.0','192.168.1.1','192.168.1.1')
>>>mywifi.sta.isconnected()
True
>>>mywifi.sta.status()
1010
>>>mywifi.sta.scan()
[(b'CMCC-1804',b'\xcc\\\xde\xf20\xf1',4,-49,4,False),
(b'CMCC-DENG',b'\x140\x04a\x83\x0c',3,-51,4,False),
(b'HONOR-041V4M',b'\xf4\xa5\x9d\xba\x0c\x08',1,-55,3,False),
(b'duchaoting',b'\x88\xc3\x97\x01OJ',2,-67,4,False),
(b'ziroom-1805',b't\x05\xa5#d-',1,-69,4,False),
(b'TP-LINK_4142',b'\xd0v\xe7\xdbAB',11,-70,4,False),]
>>>
```

当我们使用scan方法扫描网络的时候，就会发现附近的Wi-Fi网络。这些反馈信息组成一个元组列表，列表中的每个元组就是一个网络。反馈信息包括网络名称、信号强度、是否加密、加密方式等信息。

网络连接之后，下一步就是实现网络通信。

8.2.1 TCP/IP协议

实现网络通信的前提是通信双方基于统一的数据形式。早期的网络通信，都是厂商各自定义一套数据收发形式，数据形式之间互不兼容。后来，将所有不同类型的网络设备都连接起来成了大势所趋，全球就形成了一套通用的数据形式，也就是众所周知的TCP/IP（Transmission Control Protocol/Internet Protocol，传输控制协议/网络协议）。

8.2.2 套接字

套接字（Socket）是网络通信的基石，是网络中不同主机上的程序之间进行双向通信的端点的抽象，是TCP/IP协议通信的基本操作单元。一个套接字就是网络通信的一端，是程序通过网络协议进行通信的接口。

套接字的形式为IP地址加上端口号，中间用冒号或逗号分隔。例如，IP地址为192.168.1.35，而端口号为23，那么套接字就是(192.168.1.35:23)。

应用Socker要先导入socket库，代码如下：

```
import socket
```

这个库中有一个socker对象，该对象的主要方法包括getaddrinfo()和socket()。

（1）socket.socket(af = AF_INET,type = SOCK_STREAM,proto = IPPROTO_TCP)，定义一个网络连接，参数说明见表8.3。

表8.3　socket.socket(af=AF_INET,type=SOCK_STREAM,proto=IPPROTO_TCP)的参数说明

参　数	说　明
af	地址模式，有2个选项： ·socket.AF_INET，表示TCP/IP-IPv4 ·socket.AF_INET6，表示TCP/IP-IPv6 默认为TCP/IP-IPv4

参　数	说　明
type	Socket类型，有4个选项： · socket.SOCK_STREAM，表示TCP流 · socket.SOCK_DGRAM，表示UDP数据报 · socket.SOCK_RAW，表示原始套接字 · socket.SO_REUSEADDR，表示端口释放后可以立即被再次使用 默认为TCP流
proto	协议，有2个选项： · socket.IPPROTO_TCP · socket.IPPROTO_UDP 默认为TCP协议

（2）socket.getaddrinfo(host,port)，用于将主机域名（host）和端口（port）转换为用于创建套接字的元组序列。

8.2.3　网络通信流程

在网络通信中，通常有设备一直处于等待其他设备发送通信请求的状态，这种设备通常被称为服务器。相对的，请求通信的设备被称为客户端。

根据连接的启动方式以及本地套接字要连接的目标，套接字之间的连接过程可分为以下三步。

（1）服务器监听。服务器端套接字并不定位具体的客户端套接字，而是处于等待连接的状态，实时监控网络状态。

（2）客户端请求。客户端套接字提出连接请求，连接目标是服务器端套接字。为此，客户端套接字必须先描述它要连接的服务器端套接字，指出服务器端套接字的地址和端口号，然后向服务器端套接字提出连接请求。

（3）连接确认。服务器端套接字监听到或者接收到客户端套接字的连接请求，就会响应客户端套接字的请求，并把服务器端套接字的描述发送给客户端。一旦客户端确认此描述，连接就建立了。而服务器端套接字继续处于监听状态，接收其他客户端套接字的连接请求。

根据以上描述，我们尝试通过网络实现掌控板数据通信，具体代码如下：

```
from mpython import *
```

```
import socket

SSID = "CMCC-DENG"          #这里要换成你的网络名称，CMCC-DENG是我的网络名称
PASSWORD = "你的网络密码"     #你的网络密码
mywifi = wifi()
mywifi.connectWiFi(SSID,PASSWORD)

addr_info = socket.getaddrinfo(mywifi.sta.ifconfig()[0],80) #1
print(addr_info)                                            #2
addr = addr_info[0][-1]

s = socket.socket()                                          #3定义一个网络连接
s.setsockopt(socket.SOL_SOCKET,socket.SO_REUSEADDR,1) #4设置套接字属性

s.bind(addr)                                                 #5绑定IP和端口号
s.listen(5)                                                  #6

while True:
  res = s.accept()                                           #7
  print(res)

  client_s = res[0]                                          #8提取客户端信息
  client_addr = res[1]

  client_s.send('hello world')                               #9向客户端发送数据
  client_s.close()
```

参考程序中注释的数字标号，具体内容如下：

#1 通过getaddrinfo()方法将主机域名和端口号转换为创建套接字用的元组序列，sta对象的ifconfig()方法能够返回掌控板的IP地址、子网掩码、网关、DNS等信息的列表。列表的第0项就是本机IP地址，后面的80为设定的端口号。

#2 通过print函数将getaddrinfo()方法的返回值显示在REPL中，这里的显示内容为

```
[(2,1,0,'192.168.1.35',('192.168.1.35',80))]
```

这个列表第0项的最后一个项为('192.168.1.35',80)。

#3 定义一个网络连接。

#4 设置套接字属性。socket.SOL_SOCKET表示在套接字级别上设置选项，而socket.SO_REUSEADDR表示端口释放后可以立即被再次使用（一般来说，一个端口释放后要等待2min才能再次被使用）。

#5 绑定IP和端口号。

#6 监听。listen方法的参数backlog表示接受套接字的最大数量，不能小于0（小于0将自动设置为0）；超出最大数量后系统将拒绝新的套接字连接。

#7 接收一个套接字中已建立的连接。accept()方法会提取出所监听套接字的等待连接队列中第一个连接请求，创建一个新的套接字，并返回指向该套接字的文件描述符。

#8 从套接字的文件描述符中提取客户端信息。

#9 向客户端发送数据并关闭客户端。

将以上代码刷入掌控板，待掌控板正常连接网络之后（在REPL中看到"Connection Successful"字样），打开计算机端的浏览器并在地址栏输入"192.168.1.35:80"（之前设定的端口号为80）并按下回车键，就会看到图8.1所示的内容。

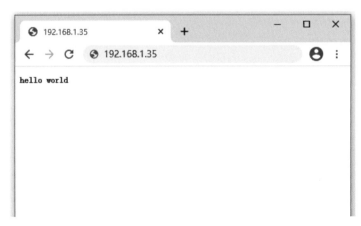

图8.1　在浏览器中显示"hello world"

这里，浏览器中显示的字符即为#9部分掌控板向客户端发送的字符数据。同时，由于#7部分之后使用print()函数输出显示了套接字的内容，因此在REPL中能看到如下信息：

```
(<socket>,('192.168.1.29',64015))
```

其中，第0项res[0]为客户端套接字，而第1项res[1]为客户端IP地址。

说 明

在浏览器地址栏中输入"192.168.1.35:80"并回车之后，会发现后面的
":80"消失了。这是因为80端口是为HTTP（HyperText Transport Protocol，超
文本传输协议)开放的，浏览网页服务默认的端口号都是80。如果端口号为80，那
么不输入":80"也可以。

8.3 以网页形式反馈

通常用浏览器显示的内容并不只是字符信息，本节我们试着让掌控板返回
一个网页。

8.3.1 HTML

网页是一个文件，是网络世界中的一"页"。这个文件是以HTML格式编
写的，文件扩展名为.html。HTML文件通过浏览器解析后就会变成我们看到
的网页。在浏览器的地址栏输入该网页在网络中的位置即可打开网页文件，就
像我们在计算机上输入文件地址打开一个文件一样。

HTML语言是标准通用标记语言的一种应用，也是一种规范，一种标准。
它通过标记符来标记要显示的网页中的各个部分，标记符中的标记元素用尖括
号括起来，带斜杠的元素表示标记说明结束；大多数标记符须成对使用，以表
示作用的起始和结束；标记元素忽略大小写，一个标记元素的内容可以写成多
行。标记符，包括尖括号标记元素、属性项等，必须使用半角西文字符，而不
能使用全角字符。表8.4列出了常用的HTML标记符。

表8.4 常用HTML标记符

标记符	说 明	类 型
`<html></html>`	创建一个HTML文档	基本框架
`<head></head>`	设置文档标题和其他在网页中不显示的信息	基本框架

标记符	说　明	类　型
`<script></script>`	脚本语句标签，如引用JavaScript脚本	基本框架
`<body></body>`	文档的可见部分	基本框架
`<title></title>`	设置文档的标题	基本框架
`<h1></h1>`	一级标题	内容说明
`<h2></h2>`	二级标题	内容说明
`<pre></pre>`	预先格式化文本	内容说明
`<u></u>`	下划线	内容说明
`<b></b>`	黑体字	内容说明
`<i></i>`	斜体字	内容说明
`<em></em>`	强调文本（通常是斜体加黑体）	内容说明
`<delect></delect>`	加删除线	内容说明
`<code></code>`	程式码	内容说明
`<p></p>`	创建一个段落	格式标记
`<p align="">`	将段落按左、中、右对齐	格式标记
` `	定义新行	格式标记
`<blockquote></blockquote>`	从两边缩进文本	格式标记
`<div align=""></div>`	用来排版大块HTML段落，也用于格式化表	格式标记
`<center></center>`	水平居中	格式标记
`<img src=""/>`	添加图像	格式标记
`<a href=""></a>`	超链接	格式标记
`<input>`	用于搜集用户信息。根据不同的`type`属性值，输入字段拥有多种形式。输入字段可以是文本字段、复选框、掩码后的文本控件、单选按钮、按钮等	格式标记
`<meta/>`	用来描述一个HTML网页文档的属性，如作者、时间、关键词、页面刷新等 分为两大部分，`HTTP-EQUIV`和`NAME`	格式标记

网页文件本身是一种文本文件，通过在文本文件中添加标记符，告诉浏览器如何显示其中的内容。浏览器按顺序阅读网页文件，然后根据标记符解释和显示标记内容。不过，浏览器不会指出书写出错的标记，且不会停止出错标记的解释执行过程，只能通过显示效果来分析出错原因和出错部位。需要注意的是，不同的浏览器对同一标记符可能有不完全相同的解释，因此可能会有不同的显示效果。

标准HTML文件的基本结构都是标记符`<html>`与`</html>`之间包含头部信息与主体内容两大部分。头部信息以`<head></head>`表示开始和结尾。头部信息包含页面的标题、序言、说明等内容，它本身不作为内容来显示，但会影响网页显示效果。主体内容才是网页中真正显示的内容，均包含在标记符<body>与</body>之间。

另外，HTML语言中也有注释，由符号<!--开始，由符号-->结束，如<!--注释内容-->。注释内容可插入文本中的任何位置。任何标记前插入惊叹号，即被标识为注释，不予显示。

8.3.2　网页制作

使用最基础的文本编辑软件就能制作HTML网页文件，如Windows记事本。下面，我们试着制作一个简单的HTML网页文件，步骤如下：

（1）新建一个文本文件，取名为HTML TEST.txt，如图8.2所示。

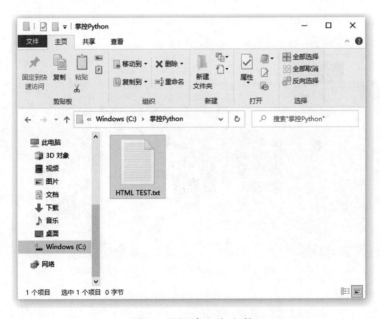

图8.2　新建文本文件

（2）打开新建的文本文件，先输入网页的基本结构：

```
<html>

<head>
</head>

<body>
```

```
</body>
```

```
</html>
```

（3）在头部信息添加网页标题mPython：

```
<title>mPython</title>
```

（4）在主体内容中添加一级标题和二级标题：

```
<h1>HTML TEST</h1>
```

```
<h2>程晨</h2>
```

（5）网页中的资源必须是网络资源，所以我们希望在网页中显示的图片也必须是网络上的图片。例如，在盛思官网上找一张图片，单击右键并在弹出的菜单中选择"复制图片地址"，如图8.3所示，这样就得到了这张图片的网络位置：https://www.labplus.cn/f1e4a38d9cf545f2016a9c51683982c0.png。

图8.3　获取图片的网络位置

（6）通过标记符<img src = ""/>将图片添加到文件当中。其中，src后面的双引号内就是图片位置，例如：

```
<img src = "https://www.labplus.cn/f1e4a38d9cf545f2016a9c51683982c0.png"/>
```

最终代码如下：

```
<html>

<head>
<title>mPython</title>
```

```
</head>

<body>

<h1>HTML TEST</h1>
<h2>程晨</h2>

<img src = "https://www.labplus.cn/f1e4a38d9cf545f2016a9c51683982c0.png"/>

</body>
</html>
```

（7）确认内容书写正确后，保存文件并关闭文本编辑器，将HTML TEST.txt文件更名为HTML TEST.html，如图8.4所示。这样，一个简单的HTML文件就制作完成了。

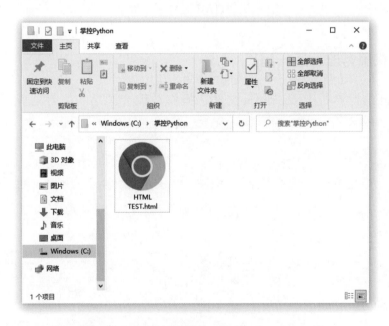

图8.4　将文件更名为HTML TEST.html

说　明

这里更改的是文件后缀名，不是将HTML TEST更名为HTML TEST.html，更名前请确保能看到.txt的后缀名，然后将.txt更改为.html。

HTML TEST.html文件用浏览器打开后显示效果如图8.5所示。这里要注意头部信息与主体内容两大部分的区别，头部信息中的标题mPython显示在浏览器的标签页，并没有出现在网页显示内容中。

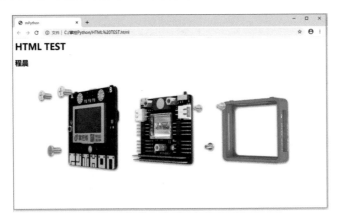

图8.5　HTML文件显示效果

8.3.3　在服务器上运行网页

在自己的计算机上双击网页文件，操作系统会调用与文件匹配的软件来打开文件，这样我们就能在浏览器中查看到刚才制作的HTML文件。那么，如何打开网络端的网页文件？

为了让掌控板反馈给浏览器一个网页的效果，就要把网页文件作为反馈内容发送给客户端。为此，我们在代码中创建一个包含网页内容的变量：

```
CONTENT = '''<html>

<head>
<title>mPython</title>
</head>

<body>

<h1>HTML TEST</h1>
<h2>程晨</h2>

<img src = "https://www.labplus.cn/f1e4a38d9cf545f2016a9c51683982c0.png"/>

</body>
</html>'''
```

然后将#9部分的client_s.send('hello world')改为client_s.send(CONTENT)。调整完成后，将代码刷入掌控板，等待掌控板正常连接网络之后，打开计算机端的浏览器，还是在地址栏中输入"192.168.1.35"并按下回车键，此时就会看到图8.6所示的内容。

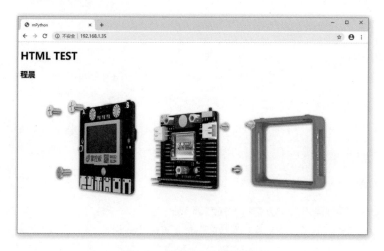

图8.6 掌控板反馈的网页

注意，图8.6和图8.5中地址栏的内容是不一样的，图8.6中的这个网页不是计算机本地的文件，而是存在掌控板上的网页。

> **说　明**
>
> 我们平时输入的网址也被称为域名，地址栏中的网址实际上也会通过域名解析功能转换为IP地址。
>
> 网络上的计算机最终是通过IP地址定位的，通过IP地址就可以找到网络上的某台计算机主机。可能是因为IP地址不便于记忆，所以人们又发明了域名来代替IP地址。但是，通过域名并不能直接访问主机，中间要加一个从域名查找IP地址的域名解析过程。

如果你的网页中出现乱码，请尝试将包含网页的变量内容改为

```
CONTENT = '''
<!DOCTYPE HTML>
<html>
<head><meta charset = "utf-8">
<title>mPython</title>
```

```
</head>

<body>

<h1>HTML TEST</h1>
<h2>程晨</h2>

<img src = "https://www.labplus.cn/f1e4a38d9cf545f2016a9c51683982c0.png"/>

</body>
</html>'''
```

其中，红色部分为新增内容，通过用来描述HTML网页文档属性的<meta>来告诉浏览器网页字符编码为UTF-8格式。

8.4　基于网络操作机器人

8.4.1　获取发送给服务器的数据

我们在浏览器地址栏输入的信息中，IP地址及端口号会被对应到网络上的某台设备。如果后续增加符号"/"及字符，这些字符会作为请求信息的一部分发送给服务器。

通过客户端套接字的recv方法能够获取客户端发送给服务器的请求，如将上述代码中的while循环部分变成以下内容：

```
while True:
  res = s.accept()                        #7
  print(res)

  client_s = res[0]                       #8提取客户端信息
  client_addr = res[1]

  req = client_s.recv(4096)
  print(req)

  client_s.send(CONTENT)                  #9向客户端发送数据
  client_s.close()
```

红色部分为新增的代码。其中，recv方法的参数表示一次接收4096Byte。程序运行后，我们通过浏览器访问掌控板，就会在REPL中看到如下内容：

```
b'GET/favicon.ico HTTP/1.1\r\nHost:192.168.1.35\r\nConnection:keep-
alive\r\nPragma:no-cache\r\nCache-Control:no-cache\r\nUser-Agent:Mozilla/5.0
(Windows NT 10.0;Win64;x64)AppleWebKit/537.36(KHTML,like Gecko)
Chrome/84.0.4147.135 Safari/537.36\r\nAccept:image/webp,image/apng,
image/*,*/*;q = 0.8\r\nReferer:http://192.168.1.35/\r\nAccept-
Encoding:gzip,deflate\r\nAccept-Language:zh-CN,zh;q = 0.9\r\n\r\n'
```

这些内容中包含客户端发送请求的请求方式、使用协议、语言环境等，甚至还包含操作系统、浏览器信息等内容。以上信息是通过计算机的浏览器发送的请求，如果通过手机端的浏览器发送请求，则会显示以下类似内容：

```
b'GET/favicon.ico HTTP/1.1\r\nHost:192.168.1.35\r\nConnection:keep-
alive\r\nUser-Agent:Mozilla/5.0(Linux;U;Android 10;zh-cn;M2004J19C
Build/QP1A.190711.020)AppleWebKit/537.36(KHTML,like Gecko)Version/4.0
Chrome/71.0.3578.141 Mobile Safari/537.36 XiaoMi/MiuiBrowser/
12.6.14\r\nAccept:image/webp,image/apng,image/*,*/*;q = 0.8\r\nReferer:
http://192.168.1.35/\r\nAccept-Encoding:gzip,deflate\r\nAccept-
Language:zh-CN,en-US;q = 0.9\r\n\r\n'
```

从上述信息中能看到，笔者使用的是小米手机的MIUI浏览器。

8.4.2 控制机器人移动

在地址栏中输入192.168.1.35/hello之后，还会在上述信息中看到输入的字符串"hello"：

```
b'GET/favicon.ico HTTP/1.1\r\nHost:192.168.1.35\r\nConnection:keep-
alive\r\nPragma:no-cache\r\nCache-Control:no-cache\r\nUser-Agent:
Mozilla/5.0(Windows NT 10.0;Win64;x64)AppleWebKit/537.36(KHTML,like Gecko)
Chrome/84.0.4147.135 Safari/537.36\r\nAccept:image/webp,image/apng,
image/*,*/*;q = 0.8\r\nReferer:http://192.168.1.35/hello\r\nAccept-
Encoding:gzip,deflate\r\nAccept-Language:zh-CN,zh;q = 0.9\r\n\r\n'
```

我们可以通过这种方式控制机器人。这里定义接收到MOVE时让机器人向前移动，而接收到STOP时让机器人停止移动。对应的代码如下：

```
if req.find("/MOVE")!= -1:
    #前进,左右轮都前进
```

```
m1farword.write_analog(600)
m1back.write_analog(0)
m2farword.write_analog(600)
m2back.write_analog(0)

if req.find("/STOP")!= -1:
  #停止
  m1farword.write_analog(0)
  m1back.write_analog(0)
  m2farword.write_analog(0)
  m2back.write_analog(0)
```

这里使用方法find查找字符串中是否有参数指定的字符串，有则返回参数字符串的位置，没有则返回-1。由此判断之前的req字符串中是否有"/MOVE"或"/STOP"，并以此控制机器人是否向前移动。

将上述代码加到客户端发送数据之前，同时增加控制电机引脚部分的程序。将修改后的代码刷入掌控板，待机器人上的掌控板正常连接网络之后，打开计算机上的浏览器并在地址栏输入"192.168.1.35"以及"/MOVE"后按下回车键，此时就会看到机器人开始向前移动；如果在地址栏输入"192.168.1.35"以及"/STOP"后按下回车键，就会看到机器人停止移动。

你可能会觉得每次都要在地址栏输入"/MOVE"或"/STOP"很费事。为此，可以在网页中添加两个超链接，分别对应上面说的"192.168.1.35/MOVE"和"192.168.1.35/STOP"，因为"MOVE"或者"STOP"之前的地址实际上就是网页的地址，所以在用<a href = ""></a>标识超链接时不用将IP地址加在里面，只需要写"/MOVE"或"/STOP"就可以了。

```
<a href = \"/MOVE\">move</a>the robot<br>
<a href = \"/STOP\">stop</a>the robot<br>
```

将上面两行代码添加在网页的内容，即标记符<body></body>中即可，这里笔者将其添加在显示图片的位置（删掉了显示图片的内容）。完成后的整体代码如下：

```
from mpython import *
import socket

#控制电机1前进后退的引脚
m1farword = MPythonPin(13,PinMode.PWM)
```

```
m1back = MPythonPin(14,PinMode.PWM)

#控制电机2前进后退的引脚
m2farword = MPythonPin(15,PinMode.PWM)
m2back = MPythonPin(16,PinMode.PWM)


SSID = "CMCC-DENG"            #这里要换成你的网络名称，CMCC-DENG是我的网络名称
PASSWORD = "你的网络密码"       #你的网络密码
mywifi = wifi()
mywifi.connectWiFi(SSID,PASSWORD)


CONTENT = '''
<!DOCTYPE HTML>
<html>
<head><meta charset = "utf-8">
<title>mPython</title>
</head>

<body>

<h1>HTML TEST</h1>
<h2>程晨</h2>

<a href = \"/MOVE\">move</a>the robot<br>
<a href = \"/STOP\">stop</a>the robot<br>

</body>
</html>'''

addr_info = socket.getaddrinfo(mywifi.sta.ifconfig()[0],80) #1
print(addr_info)                                            #2
addr = addr_info[0][-1]

s = socket.socket()                                         #3定义一个网络连接
s.setsockopt(socket.SOL_SOCKET,socket.SO_REUSEADDR,1)       #4设置套接字属性

s.bind(addr)                                                #5绑定IP和端口号
s.listen(5)                                                 #6

while True:
  res = s.accept()                                          #7
  print(res)
```

```
client_s = res[0]                              #8提取客户端信息
client_addr = res[1]

req = str(client_s.recv(4096))
print(req)

if req.find("/MOVE")!= -1:
  #前进,左右轮都前进
  m1farword.write_analog(600)
  m1back.write_analog(0)
  m2farword.write_analog(600)
  m2back.write_analog(0)

if req.find("/STOP")!= -1:
  #停止
  m1farword.write_analog(0)
  m1back.write_analog(0)
  m2farword.write_analog(0)
  m2back.write_analog(0)

client_s.send(CONTENT)                          #9向客户端发送数据
client_s.close()
```

添加超链接之后的网页如图8.7所示。

图8.7　添加超链接后的网页

至此，我们用鼠标就能完成对机器人的控制：点击网页中的"move"就能让机器人移动，再点击"stop"就能让机器人停止移动。

8.4.3 在网页中显示光线强度

既然能在网页上显示字符信息、显示图片，那也应该能把传感器值显示在网页上。这里，我们尝试将掌控板的板载光线传感器的数据显示在网页上，步骤如下。

（1）对网页内容做一些调整。

```
CONTENT = '''
<!DOCTYPE HTML>
<html>
<head><meta charset = "utf-8">
<title>mPython</title>
</head>

<body>
<h1>HTML TEST</h1>
<h2>程晨</h2>

<body>

<h1>HTML TEST</h1>
<h2>程晨</h2>

<a href = \"/MOVE\">move</a>the robot<br>
<a href = \"/STOP\">stop</a>the robot<br>

<br/>掌控板光线强度为:
'''
```

其中增加了一行显示"掌控板光线强度为："的内容，同时删掉了最后的

```
</body>
</html>
```

（2）将

```
client_s.send(CONTENT)
```

修改为

```
NEW_CONTENT = CONTENT + str(light.read()) + "</body></html>"
client_s.send(NEW_CONTENT)
```

（3）将调整之后的代码刷入掌控板，待掌控板正常连接网络之后，打开计算机的浏览器并在地址栏输入IP地址后按下回车键，此时就会在图片下方看到掌控板的光线传感器的值，效果如图8.8所示。

图8.8　显示掌控板光线强度

这样，刷新网页的时候就能查看到当时机器人所处环境的光线强度，但是每次都要手动刷新才能查看到最新的光线强度值。我们希望网页能够自动刷新，定时更新温度值，这就需要在网页的HTML文件中增加自动更新部分。

自动更新代码要使用HTML中的META标记（之前解决乱码问题时用到过）。META标记是HTML中的一个关键标记，它位于头部信息当中，即放在<head>和</head>之间。这些内容不会作为内容显示，用户不可见，但却是文档的基本信息。META标记并不是独立存在的，而是要在后面连接其他属性。实现自动更新需要连接http-equiv属性，其参数为"refresh"。如果希望网页每10s刷新一次，则代码如下：

```
<meta http-equiv = "refresh" content = "10">
```

其实，这种方法还可以实现跳转，在后面加一个想要跳转的网页即可。例如，想10s之后跳转到百度，代码如下：

```
<meta http-equiv = "refresh" content = "10;url = http://www.baidu.com">
```

这里，我们只希望实现10s自动刷新，则添加META标记后的头部信息代码如下：

......

```
<head><meta charset = "utf-8">
<meta http-equiv = \"refresh\" content = \"10\">
<title>mPython</title>
</head>
......
```

将新代码刷入掌控板，再打开浏览器查看网页，网页就会每10s刷新一次，不断更新显示的温度值。如果大家觉得10s时间太长，想改为5s，可以修改META标记后content参数的值，将10改为5即可。

8.5　制作带视频传输的操作型机器人

实现了通过网页操作机器人并获取传感器信息之后，本节我们利用智能手机来完成一个带视频传输功能的操作型机器人。

8.5.1　在网页中添加按钮

在这个操作型机器人展示的网页中，我们利用按钮进行交互，这要使用标记符<input>。这个标记符也不是独立存在的，需要连接其他属性。要显示按钮，就要将type属性设为button，对应的代码如下：

```
<input type = "button">
```

下面将程序中包含网页的变量内容改为

```
CONTENT = '''
<!DOCTYPE HTML>
<html>
<head><meta charset = "utf-8">
<title>mPython</title>
</head>

<body>

<h1>WEB ROBOT</h1>

<input type = "button">
```

```
</body>
</html>'''
```

这里只在网页中保留了一个大标题和一个按钮，而大标题的内容也改为了"WEB ROBOT"。将新代码刷入掌控板，待掌控板正常连接网络之后，打开计算机的浏览器并在地址栏输入IP地址后按下回车键，就会看到网页中出现了一个按钮，效果如图8.9所示。不过，这个按钮上没有什么内容，也比较小。

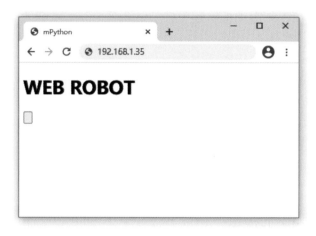

图8.9　在浏览器中看到的按钮

调整按钮大小或在按钮上显示说明文字，要用到style属性。例如：

```
style = "width:100px;height:80px"
```

上面的代码是设置按钮宽度为100像素，高度为80像素。另外，在按钮上显示文字，要使用value属性，例如：

```
value = "停止"
```

这就是在按键上显示文字"停止"。

将这两个属性添加到代码中，对应的代码如下：

```
<input type = "button" value = "停止" style = "width:100px;height:80px">
```

将新代码刷入掌控板，待掌控板正常连接网络之后，打开计算机的浏览器并在地址栏输入IP地址后按下回车键，网页效果如图8.10所示。

图8.10 调整按钮的大小

这里用9个按钮能控制机器人移动。这9个按钮分别对应7.2.1节的9个机器人操作：前进、后退、左转、右转、停止、左前、右前、左后和右后。因此，我们在网页的内容中添加9个按钮。变量CONTENT的内容如下：

```
CONTENT = '''
<!DOCTYPE HTML>
<html>
<head><meta charset = "utf-8">
<title>mPython</title>
</head>

<body>

<h1>WEB ROBOT</h1>

<p>
<input type = "button" value = "左前" style = "width:100px;height:80px">
<input type = "button" value = "前进" style = "width:100px;height:80px">
<input type = "button" value = "右前" style = "width:100px;height:80px">
</p>

<p>
<input type = "button" value = "左转" style = "width:100px;height:80px">
<input type = "button" value = "停止" style = "width:100px;height:80px">
<input type = "button" value = "右转" style = "width:100px;height:80px">
</p>

<p>
```

```
<input type = "button" value = "左后" style = "width:100px;height:80px">
<input type = "button" value = "后退" style = "width:100px;height:80px">
<input type = "button" value = "右后" style = "width:100px;height:80px">
</p>

</body>
</html>'''
```

为了将按钮分成3行，这里使用了段落标记<p></p>。修改后的网页效果如图8.11所示。

图8.11　显示了9个按钮的网页

8.5.2　为按钮添加超链接

有了按钮之后，接下来就是为按钮增加超链接，并在超链接中增加字符以实现对机器人的控制。这里，发送的字符参考7.2.1节，实现方法参考8.4.2节，完成后的代码如下：

```
from mpython import *
import socket

#控制电机1前进后退的引脚
m1farword = MPythonPin(13,PinMode.PWM)
m1back = MPythonPin(14,PinMode.PWM)
```

```
#控制电机2前进后退的引脚
m2farword = MPythonPin(15,PinMode.PWM)
m2back = MPythonPin(16,PinMode.PWM)

SSID = "CMCC-DENG"          #这里要换成你的网络名称，CMCC-DENG是我的网络名称
PASSWORD = "你的网络密码"     #你的网络密码
mywifi = wifi()
mywifi.connectWiFi(SSID,PASSWORD)

CONTENT = '''
<!DOCTYPE HTML>
<html>
<head><meta charset = "utf-8">
<title>mPython</title>
</head>

<body>

<h1>WEB ROBOT</h1>

<p>

<a href = \"/LEFTFW\">
<input type = "button" value = "左前" style = "width:100px;height:80px">
</a>

<a href = \"/FW\">
<input type = "button" value = "前进" style = "width:100px;height:80px">
</a>

<a href = \"/RIGHTFW\">
<input type = "button" value = "右前" style = "width:100px;height:80px">
</a>

</p>

<p>

<a href = \"/TURNLEFT\">
<input type = "button" value = "左转" style = "width:100px;height:80px">
</a>

<a href = \"/STOP\">
```

```
<input type = "button" value = "停止" style = "width:100px;height:80px">
</a>

<a href = \"/TURNRIGHT\">
<input type = "button" value = "右转" style = "width:100px;height:80px">
</a>

</p>

<p>

<a href = \"/LEFTBK\">
<input type = "button" value = "左后" style = "width:100px;height:80px">
</a>

<a href = \"/BK\">
<input type = "button" value = "后退" style = "width:100px;height:80px">
</a>

<a href = \"/RIGHTBK\">
<input type = "button" value = "右后" style = "width:100px;height:80px">
</a>

</p>

</body>
</html>'''

addr_info = socket.getaddrinfo(mywifi.sta.ifconfig()[0],80)    #1
print(addr_info)                                               #2
addr = addr_info[0][-1]

s = socket.socket()                                            #3定义一个网络连接
s.setsockopt(socket.SOL_SOCKET,socket.SO_REUSEADDR,1)         #4设置套接字属性

s.bind(addr)                                                   #5绑定IP和端口号
s.listen(5)                                                    #6

while True:
    res = s.accept()                                          #7
    print(res)

    client_s = res[0]                                         #8提取客户端信息
```

```
client_addr = res[1]

req = str(client_s.recv(4096))
print(req)

if req.find("/STOP")!= -1:
    #停止
    m1farword.write_analog(0)
    m1back.write_analog(0)
    m2farword.write_analog(0)
    m2back.write_analog(0)
if req.find("/FW")!= -1:
    #前进,左右轮都前进
    m1farword.write_analog(600)
    m1back.write_analog(0)
    m2farword.write_analog(600)
    m2back.write_analog(0)
if req.find("/BK")!= -1:
    #后退,左右轮都后退
    m1farword.write_analog(0)
    m1back.write_analog(600)
    m2farword.write_analog(0)
    m2back.write_analog(600)
if req.find("/TURNLEFT")!= -1:
    #原地左转,左轮后退,右轮前进
    m1farword.write_analog(0)
    m1back.write_analog(600)
    m2farword.write_analog(600)
    m2back.write_analog(0)
if req.find("/TURNRIGHT")!= -1:
    #原地右转,左轮前进,右轮后退
    m1farword.write_analog(600)
    m1back.write_analog(0)
    m2farword.write_analog(0)
    m2back.write_analog(600)
if req.find("/LEFTFW")!= -1:
    #以左轮为圆心左前转,左轮停止,右轮前进
    m1farword.write_analog(0)
    m1back.write_analog(0)
    m2farword.write_analog(600)
    m2back.write_analog(0)
if req.find("/RIGHTFW")!= -1:
    #以右轮为圆心右前转,左轮前进,右轮停止
```

```
m1farword.write_analog(600)
m1back.write_analog(0)
m2farword.write_analog(0)
m2back.write_analog(0)
if req.find("/LEFTBK") != -1:
    #以左轮为圆心左后转,左轮停止,右轮后退
    m1farword.write_analog(0)
    m1back.write_analog(0)
    m2farword.write_analog(0)
    m2back.write_analog(600)
if req.find("/RIGHTBK") != -1:
    #以右轮为圆心右后转,左轮后退,右轮停止
    m1farword.write_analog(0)
    m1back.write_analog(600)
    m2farword.write_analog(0)
    m2back.write_analog(0)

client_s.send(CONTENT)                          #9向客户端发送数据
client_s.close()
```

将新代码刷入掌控板，这个基于网络通过网页按钮遥控的操作型机器人就算完成了。

8.5.3　利用手机实现视频传输

这里，利用手机实现视频传输实际上是一个取巧的方式，与掌控板编程的关系不大，只要你的手机和掌控板连接的是同一个网络就行。不过，这种形式比较简单，也比较有趣，很方便为自己的机器人增加视频传输功能。具体操作如下：

（1）在手机上下载一个网络摄像头的APP。笔者下载的是"IP摄像头"，其软件界面如图8.12所示。

（2）点击界面最下方的"打开IP摄像头服务器"就能直接提供网络摄像头服务，如图8.13所示。

图8.12 "IP摄像头"的界面

图8.13 点击界面最下方的"打
开IP摄像头服务器"

此时界面中会先弹出一个消息告诉你"IP摄像头服务已经启动",同时告诉你访问该摄像头服务的用户名和密码。消息结束后的界面如图8.14所示。

界面最下方会告知我们该服务在局域网的地址和端口号,这里是192.168.1.36:8081。另外,在没有客户端连接的时候,摄像头是关闭的。

(3)打开计算机的浏览器并在地址栏输入"192.168.1.36:8081"后按下回车键,就能看到图8.15所示的界面。

这样就能看到手机摄像头的实时视频(包括声音),同时视频中还会显示时间以及手机电池电量。另外,这个界面的底部还有一排功能按钮,通过这些按钮能够保存照片、保存视频、调整分辨率,还能控制手机闪光灯、切换手机前后摄像头、旋转图像。

图8.14　IP摄像头服务已经启动

图8.15　在计算机端查看手机摄像头的实时图像

（4）将手机固定在之前完成的机器人移动底盘上。笔者安装完成之后的效果如图8.16所示（手机支架安装过程省略）。同时，再打开一个浏览器窗

口，进入掌控板网页，这样就能在查看实时视频的同时完成对机器人的实时控
制了，界面如图8.17所示。

图8.16　将手机固定在机器人移动底盘上

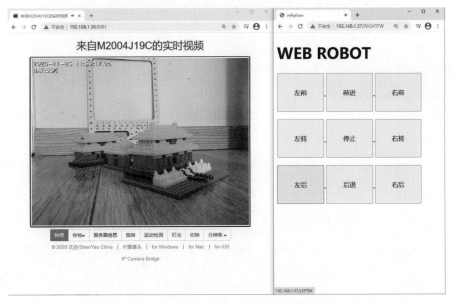

图8.17　查看实时视频的同时完成对机器人的实时控制

　　若想通过另一个手机来控制机器人，那么可以使用手机的分屏功能，分别
用两个浏览器APP显示视频和控制界面，效果如图8.18所示。

图8.18　利用手机的分屏功能来控制机器人

8.6　小　结

至此，本书的内容就结束了。本章制作的依然是操作型机器人，不过使用的不是广播功能，而是掌控板的Wi-Fi功能。具体内容包括如何实现网络通信、如何制作一个简单的网页，以及如何通过网页来控制机器人动作。最后，我们利用手机摄像头为自己的机器人增加视频传输功能，完成了一个基于网络的能够实时传输视频的操作型机器人。